U0920409

好性格 好习惯 好心态

游一行◎编著

71个性格、习惯、心态修炼法宝，打造成功人生

华龄出版社
HUALING PRESS

责任编辑：李梦娇
责任印制：李未圻

图书在版编目（CIP）数据

好性格·好习惯·好心态/游一行编著. --北京：华龄出版社，2017.4
ISBN 978-7-5169-0946-1

Ⅰ.①好… Ⅱ.①游… Ⅲ.①成功心理－通俗读物
Ⅳ.①B848.4-49

中国版本图书馆CIP数据核字（2017）第064792号

书　　名：好性格·好习惯·好心态
作　　者：游一行　编著

出 版 人：胡福君
出版发行：华龄出版社
地　　址：北京市东城区安定门外大街甲57号　邮编：100011
电　　话：58122254　传真：58122264
网　　址：http://www.hualingpress.com

印　　刷：三河市东兴印刷有限公司
版　　次：2017年7月第1版　2019年7月第2次印刷
开　　本：880×1230　1/32　印　　张：6
字　　数：130千字
定　　价：32.00元

（如出现印装质量问题，调换联系电话：010-82865588）
版权所有，侵权必究

前言

无论哪一个时代、什么样的国情，都会有成功者与失败者，虽然大家对于成功的定义不同，但追逐成功是所有社会的主流观念。可以说，没有哪一个社会群体是倡导失败的。因此，关于通往成功的途径便成了一代又一代人研究的课题。然而，无论人们如何争论，最终还是要回归到自身，大家发现成功者身上这三点是必不可少的：好性格、好习惯、好心态。无数事实证明，一个人在激烈的竞争中生存立足，求得发展，并最终成功，与自身的性格、习惯和心态有着至关重要的联系。

首先，成功离不开好性格。当我们翻开那沉甸甸的历史，在无数的人层叠起来的历史缝隙里，不难找到性格所留下的痕迹。正是因为项羽的刚愎自用，才在乌江边上上演了一幕经典的霸王别姬；正是因为成吉思汗的强悍和勇猛，才有了中国历史新的一章的诞生；正是因为李白的狂放和飘逸，才有了不朽诗作的流传。偶然？必然！再来看一看我们身边的人，性格这位隐藏的命运之神也无时无刻不在左右着我们每一个人的命运。如同这个世界上没有完全相同的两片叶子一样，我们每个人都可谓是非常之独特。有的人活泼开朗、有的人抑郁自闭、有的人心胸宽广、有的人心胸狭窄、有的人精明能干、有的人安于现状、有的人斤斤计较、有的人则是典型的马大哈、有的人刚正不阿、有的人奸诈狡猾……所以，这不同性格的人在面对同一件事情的时候往往会有不同的反应和行动，这样自然导致了不同的结果和命运。因此，性格决定命运就成为一个不可改变的事实。

其次，成功离不开好习惯。古人云：“天下大事，必作于细。”习惯看似微不足道，却是一个人思想与行为的真正领导者，没有什么比习惯的力量更强大。习惯对我们的生活有绝对的影响，它是一贯的。在不知不觉中，它经年累月影响着我们的品德，暴露出我们的本性，左右着我们的成败。看看我们自己，看看我们周围，好习惯造就了多少辉煌成果，而坏习惯又毁掉了多少美好的人生！习惯一旦形成，就极具稳定性。生理上的习惯左右着我们的行为方式，决定我们的生活起居；心理上的习惯左右着我们的思维方式，决定我们的待人接物。当我们面临抉择时，是习惯帮我们做的决定。因此，我们想要获得成功，就要在工作和生活中养成好习惯。

最后，成功离不开好心态。每个人终其一生，总要遇到各种问题、烦恼、矛盾和困难，挫折和失败不可避免。面对人生的困局和障碍，不同的人会采取不同的心态，从而也就导致两种天壤之别的人生结局：成功的人生和失败的人生。成功者始终保持积极的心态，能在狂风暴雨后看到美丽的彩虹，在一败涂地中看到美好的未来，不断地调整自我，奋发进取，最终登上成功的巅峰；失败者则持一种消极悲观的心态，阴霾笼罩着心灵，限制了自身潜能的发挥，人生最终走向灰暗的境地。

本书从人成功必备的三大法宝——性格、习惯、心态入手，将丰富动人的小故事与发人深省的哲理相结合，用睿智、生动的语言，由表及里、由浅入深地向读者诠释了性格、习惯、心态在我们人生中举足轻重的地位，并告诉你如何改变消极的心态，拥有阳光般的心境；如何认识自己的性格，用性格来改变人生；如何培养良好的习惯，成就自己的一生，传授给读者成功的经验和方法。

总之，好性格、好习惯、好心态是一个人成功必备的基本素质。如果你将本书讲述的方法付诸实践，充分运用自身的力量应对人生的一切险阻，开发出自己的潜能，改变生存的现状，创造崭新的生活，你就会真正成为自己命运的主人，并迎来成功，成就梦想。

目　录

上篇　塑造好性格，和糟糕的人生说“再见”

第三章　学会合作，为成功助力

第四章　专注目标，集中精力才能干出成绩

第五章　迈步才能进步，成功源于高效执行

下篇　拥有好心态，让生命充满正能量

第一章　塑造积极心态，激发生命正能量

上篇

塑造好性格，和糟糕的人生说“再见”

第一章　摸清自己的性格，演好人生的角色

性格决定你的人生高度

在我们的现实生活中，人与人之间存在着巨大的差异：有的人能历尽艰难终成就一番事业，而有的人则半途而废；有的人喜欢刺激的攀岩，而有的人则喜欢安全的慢跑；有的人向往轰轰烈烈的爱情，而有的人则追求平实的婚姻；有的人选择浪漫，而有的人则选择稳定。在人的一生中，除了机遇和才华，我们回头看一看就会发现，其实，一直在左右我们命运的，正是我们的性格。

约翰·梅杰被称为英国的“平民首相”。这位笔锋犀利的政治家是白手起家的一个典型。他是一位杂技师的儿子，16 岁时就离开了学校。他曾因算术不及格未能当上公共汽车售票员，饱尝了失业之苦。但这并没有击倒年轻的梅杰，这位信心十足、具有坚强毅力的小伙子终于靠自己的努力战胜了困境。经过外交大臣、财政大臣等 8 个政府职务的锻炼，他终于当上了首相，登上了英国的权力之巅。有趣的是，他也是英国唯一领取过失业救济金的首相。

正是约翰·梅杰这种不屈不挠、自信坚强的性格让他凭着自己的努力，从一个领救济金的人最终成为英国的首相。

就在我们的生活中，还有一个活生生的例子，那就是感动过无数人的张海迪，她之所以能感动无数人，不仅仅因为她的成就，更因为她是一个残疾人。

多年以来，曾动过 3 次大手术，摘除了 6 块椎板，严重高位

截瘫，自第二胸椎以下全部失去知觉的张海迪，以保尔·柯察金的英雄形象鼓舞自己，凭借惊人的毅力忍受着常人难以想象的痛苦，同病残做顽强的斗争，同时勤奋地学习、忘我地工作。她自修了小学、中学的主要课程，自学了英语、日语、德语和世界语，翻译了近20万字的外文著作和资料。她还自学了针灸，并阅读了大量的医学专著，免费为病人诊断。她在1992年获中国作家协会庄重文学奖，1994年获全国奋发文明进步图书奖长篇小说一等奖，1993年获吉林大学哲学硕士学位。

对于一位身体有缺陷的人来说，能取得比很多正常人更伟大的成就，她靠的难道不是性格带给她的力量吗？

好的性格能让人不管是在顺境还是在逆境中都能积极面对，不懈地努力，并最终取得成功。那么，相反，不良的性格往往会在关键时刻毁掉一个人的一生，进而造成悲剧性的结局。

韩信虽为一代名将，其性格却优柔而怯懦。胯下之辱虽说明了他的隐忍，同时也说明了他的怯懦，倘若不是如此，他就不会惧怕刘邦，而会果断地反刘自立。

韩信其实不能忍，漂母的几句话，他就容忍不下，羞惭得无地自容，倘若能忍，何至于此？正因如此，开国之后，刘邦对他一贬再贬，他便忍耐不住了，心中充满怨气。倘若他真能忍住，就不会招来杀身之祸。

韩信不敢反叛，又不愿忍，这种优柔寡断的性格使他失去了一次又一次机会。

也许，对于优柔性格的韩信来说，最理想的行为方式，就是让别人先反，自己在一旁优柔地观看，败则与己无关，胜则乘势而起。韩信确实这样做了，他让陈豨起兵，自己则观望。然而，刘邦和吕后不优柔，他们快刀斩乱麻，处决了韩信。

韩信在优柔中被杀，其实他并没有真反，只是在犹豫，他是被硬拉上刑场的，我们不知是否直到临死一刻，他才真正不再优柔。

在历史上因性格上的缺陷而毁掉大好前程的又何止韩信一个人呢？中国历史上第一位集大学者、大权谋家、大政治家于一身的李斯，作为秦国丞相曾经大红大紫、权倾一时，但最终他被腰斩于咸阳街头，全家老少都被杀害。

李斯出生于战国末年，是楚国上蔡（今河南上蔡西南）人。少年时家境贫寒，年轻时曾经做过掌管文书的小官。

有一天，李斯上厕所，看到老鼠偷粪吃，老鼠又小又瘦，见人来就惊慌逃窜。过了不久，李斯又在国家的粮仓里看到老鼠在偷米吃，这些老鼠又肥又大，看见人来，不但不逃避，反而瞪着眼很神气的样子。李斯觉得很奇怪，仔细一想，他悟出一个道理：又瘦又小见人就逃的老鼠是无所凭借；而又肥又大见人不逃避的米仓老鼠是有所凭借而已。

为了能做官仓里的老鼠，求得荣华富贵，李斯辞去了小吏的职务，前往齐国，去拜当时著名的儒家学者荀子为师。李斯十分勤奋，同荀子一起研究“帝王之术”，即怎样治理国家、怎样当官的学问。学成之后，他便辞别荀子，到秦国去了。由于李斯才华横溢，并且提出了许多治理国家的好建议，很快得到了秦始皇的重用。

韩非是李斯的同学，他们同在荀子门下求学。韩非著作极丰，秦王感叹道：“我若能见到此人，和他交游，死而无憾。”

后来韩国在国势危急之际，起用韩非，让他出使秦国。李斯知道韩非的才能在自己之上，出于嫉妒，他对秦王说：“韩非是韩王的亲族，爱韩国不爱秦国，这是人之常理。”

秦王说：“既然不能用，那就放走吧！”

李斯希望能将韩非赶尽杀绝，他对秦王说：“如果放他回韩国，他定会为韩国出谋划策，对秦国十分不利，不如在他羽翼未满之时将他杀掉。”

秦王听信了李斯的话，赐给韩非毒药，令他自尽，就这样李斯除掉了他的对手。

而后，秦王统一了中国，李斯也升为丞相，职位越来越高，权势也越来越大。

公元前210年，秦始皇病逝，以赵高为首的旧贵族意欲立胡亥为帝。而要立胡亥为帝，就必须通过李斯，李斯身为丞相，掌握着最高权力，没有李斯的同意，胡亥是当不了皇帝的。当时，在朝廷内部李斯是可以揭露赵高，粉碎篡位阴谋的唯一人选。但是，由于李斯软弱、妥协，希望保住自己的荣华富贵，没有这样做。

为了让胡亥上台，赵高抓住李斯的弱点，用高官厚禄去引诱李斯，而李斯过于贪恋“富贵极矣”的社会地位，总想保全已经到手的利益，所以面对赵高的威胁和引诱，他听信了赵高，对其篡位阴谋未进行及时揭露和制止。

胡亥继位以后，赵高便开始陷害李斯，最后忍无可忍的李斯到秦二世面前揭露赵高的罪行，但秦二世非常信任赵高，并告诉了赵高。赵高进一步诋毁李斯：“李斯最忌恨的就是我，我一死，他就可以谋反了。”秦二世听后，立即把李斯逮捕入狱，并派赵高负责审讯。

李斯被套上了刑具，关进了监狱，并受严刑拷打、百般折磨，他忍受不了痛苦，只好供认了“谋反”的“罪行”。经过10余次的审讯，李斯被打得奄奄一息。后来，李斯被判处死刑。

李斯的悲惨结局，固然与当时的局势有关，但与他的个性更是息息相关。他的老鼠哲学，注定他是一个贪婪的人。为了自己的荣华富贵，他可以除掉他的同学韩非，甚至不惜帮助胡亥篡位，最终走入了赵高的陷阱，落得身首异处的可悲下场。一切的结局可谓是咎由自取，怪不了别人。

认识性格才能完善性格

法国作家让·吉罗杜说过："从我们的幼年开始，每个人身上就编织了一件无形的外衣。它渗透于我们吃饭、走路以及待人接物的方式之中，这件外衣就是我们的性格。"然而，人与人之间的性格又存在着巨大的差异，这就正如我国古典名著《水浒传》中描写了一百零八条梁山好汉，一百零八个人，一百零八种性格，个个不同；《红楼梦》里丫鬟、小姐无数，也都各有各的性格。不仅文学作品中如此，现实生活中个体之间的性格差别，也像我们的指纹一样，只有类别上的相似，没有绝对的相同。性格是区别人与人之间差异的重要特征之一。

正因为人的性格多种多样，而且纷繁复杂，所以，我们更需要了解自身和他人的性格，这将有利于我们更好地去生活。正如，我国古代《孙子兵法》中的一句良言："知己知彼、百战不殆！"而在《老子·三十三章》中也提到："知人者智，自知者明，胜人者有力，自胜者强。"在这一点上，东西方似乎同时产生了共鸣，古希腊的哲学家苏格拉底更是直白地喊出："人啊！认识你自己。"

了解和认识自己主要是指认识自己的性格：自己是内向的、外向的，封闭的、开朗的，自卑的、自信的，懒惰的、勤劳的，虚荣的、朴素的，偏执的、随和的，浮躁的、平和的，狭隘的、心胸宽广的，贪婪的、怯懦的，多疑的……不管是什么样的性格都不要惧怕，因为性格是可以塑造的。优良的性格可以发扬，有缺陷的性格可以克服。歌德说过："人人都有惊人的潜力，要相信自己的力量与青春，要不断地告诉自己，万事全依赖自己。"谚语有云："播种行为，收获习惯；播种习惯，收获性格；播种性格，收获命运。"

正确地认识自己的性格，找出性格中的长处和缺陷，长处要保持，缺陷应克服。只有这样，我们才能在生活和工作的各个方面获得成功。每个人生来就与众不同，世界上只有一个自己，绝对不会有第二个人和自己一模一样。每个人的性格各不相同，但没有谁是绝对的性格优越，也没有谁是绝对的一无是处。同一种性格特征，从不同的角度看，可能会有不同的利弊结论，关键在于自己确定目标后如何去发挥性格的长处和力量。比如某人可能是孤僻偏执的，因此朋友很少，生活乏味，没有快乐，但他可能超乎寻常地专心研究某个科学问题或刻苦工作，反而在事业上更易成功。

探寻性格、塑造自我之路的第一步并不是要望着天空做无尽的冥思苦想，但应注意不要硬套上那并不合适自身的衣裳。再也不要故作姿态，也不要在茫然中生活和工作，那样是在浪费生命。让我们把目光投向自身，投向四周的世界来发现自己。在做过所有的尝试之前，在你几乎要到达终点之前，不要以为你已经知道了事实的全部。

你能够想象你将是你自己的米开朗琪罗吗？如果你不能，你应该停下手头的工作，你应该开始认识自己！你应该开始迈出探寻性格、塑造自我之路的第一步！你应该赋予你自己的生活工作以意义！

学会优化自己的性格

有什么样的性格，就有什么样的命运；选择什么样的心态，就有什么样的前途。性格成功学家杨滨曾说过：“生活的矛盾、冲突大部分都源自我们的性格。”性格决定命运，那么性格是否可以改变呢？

心理学认为：性格是一个人的“典型性的行为方式”，也就是说，一个较成熟的人在各种行为中，总贯穿着某一种典型的方式，这是经常的，而不是偶然的。例如：某人不论在众人聚会的场合或是在工作中，甚至一个人在房子里，都是生气勃勃、喜欢活动的。这样，我们可以说他的性格是活泼的。如果某一日，他有点心事，因而变得沉默寡言，但这只是很偶然的情形，我们就不能说他的性格是沉默寡言。因此，我们首先可以从影响性格的两大要素——环境和教育着手优化我们的性格。

影响性格的第一要素是环境。例如同样是属多血质（活泼型）的人，如果他生长在一个富有的家庭，而又没有很好的教养，只是从小被娇纵惯了。那么，他就会形成轻浮、散漫一类的性格；而如果他的家庭环境很困难，这迫使他从小就得帮助家庭做事，应付各种各样的人物，于是他就会形成机智、灵敏等性格。

影响性格的第二个要素是教育。所谓教育，不一定是指学校教育，而是泛指一切的教育与影响。例如，一个人不幸处在十分艰苦的境遇中，如果他受到的教育是劝他忍受、安分，久而久之，他会养成安分守己的性格，遇到什么不幸，他也是安分守己的；如果他受到的教育是鼓舞他去战胜困难，久而久之，他会形成乐观、坚强的性格。

到底人的性格是否能通过改变行为来实现呢？许多人的体会是很难。比如有人对面试很恐惧，不断地坚持参加面试就一定能改变这种恐惧感吗？害怕上台演讲，不断地迫使自己去讲就能不害怕吗？自己缺乏自信，不断地去做自己不愿去做的事就能自信吗？心胸狭窄，不断地去做大度的事就能心胸开阔吗？大家可能对行动转变性格产生了怀疑，如何能改变自己呢？这可能是回归自然的缘故。懂得了顺应自然，理顺了感情与行动后就会变得非常自信。

内心的冲突是性格难以转变的重要原因。如果本着朴实的纯真之心，去做自己该做的事，不去期待性格的改变，性格可能会奇迹般地改变。性格就是自己做事的一种倾向性，而其根本乃是外向性与内向性的结合。如果能坚持外向性的做法，对自己的性格、感情都能顺其自然，可能性格会在不知不觉的情况下转变。

由此可见，性格的形成是与我们每一个人的主观努力密切相关的，因此，我们不能把性格作为借口来为自己进行辩解。而且我们的行为将对我们的性格产生巨大的反作用力，也就是说，只要我们以一种新的“行为方式”来替代以前有缺陷的“行为方式”，直到把它变为一种习惯，那我们就有了一种新的性格。

我们每个人都是自己行为的施行者，因此，我们也就成为自己性格的塑造者，同时，我们又是自己命运的主宰者。我们有能力改造、改变自己的行为，我们的每一次行为都改造着自己的性格，而且随着我们的性格向着好的或者坏的方面改造，我们的命运也在发生转变。

菲尔测试及性格分析

我们每一个人的性格虽然有一定的稳定性，但还是可以加以改变的，性格会随着环境、社会等一系列因素的改变而发生变化，而性格又对我们每一个人的命运起着决定性的作用，因此，我们要想把握自己的命运，那么，第一步就应该是了解自己的性格，而要准确而快速地了解自己的性格就离不开性格测试。当然，不管有多少种性格测试的方法，我们也永远不可能找到一种测试性格的准规则，也不可能从自己的某个部位找到性格类型的标记，因为没有什么办法可以让我们完全地了解自己是否选对了。只有我们认真审视自己，才可能获得客观的证据。但不管性格测试的结果如何，我们都应该明白：其实性格本身没有什么好坏之分，只有不同，关键在于我们要认识并承认自己性格的好与坏，懂得扬长避短。每一种性格特征都有其长处和价值，也有缺点和需要注意的地方。清楚地了解自己的性格优势和劣势，有利于更好地发挥自己的特长，而尽可能的在为人处世中避免自己性格中的劣势。

请凭你的直觉如实地回答下列问题，各题为单选，选择一个最符合你情况的选项：

1. 你什么时候感觉最好：

①早晨　②下午及傍晚　③夜晚

2. 你怎样走路：

①大步地快走　②小步地快走

③不快，仰着头面对着世界　④不快，低着头　⑤很慢

3. 与人交流时，你一般会：

①手臂交叠地站着　②双手紧握着

③一只手或两手放在臂部　④碰着或推着与你说话的人

⑤碰着你的耳朵、摸着你的下巴或用手整理头发

4. 坐下来时，你习惯于：

①两膝盖并拢　②两腿交叉

③两腿伸直　④一腿蜷在身下

5. 你一般怎样笑：

①敞怀大笑　②笑，但不大声

③轻声地、咯咯地笑　④羞怯地微笑

6. 当你去参加一个活动，你会：

①很大声地入场以引起他人的注意

②安静地入场，找你认识的人

③非常安静地入场，尽量保持不被他人注意

7. 当你正在非常专心地工作时，有人打断你，你会：

①欢迎他　②感到非常恼怒　③以上两大极端之间

8. 下列颜色中，你最喜欢哪一种颜色：

①红色或橘色　②黑色　③黄色或浅蓝色　④绿色

⑤深蓝色或紫色　⑥白色　⑦棕色或灰色

9. 临入睡的前几分钟，你在床上的姿势是：

①仰躺，伸直　②俯躺，伸直　③侧躺，微蜷

④头睡在一手臂上　⑤被盖过头

10. 你经常会做的梦是：

①从高处落下　②与别人打架或挣扎

③找东西或找人　④在天上飞或在水里漂浮

⑤平常不做梦　⑥梦都是愉快的

以上各题的分数分配如下：

1. ①2②4③6

2. ①6②4③7④2⑤1

3. ①4②2③5④7⑤6

4. ①4②6③2④1

5. ①6②4③3④5

6. ①6②4③2

7. ①6②2③4

8. ①6②7③5④4⑤3⑥2⑦1

9. ①7②6③4④2⑤1

10. ①4②2③3④5⑤6⑥1

将你每小题的得分进行相加，最后得出一个总分数。

低于21分——内向的悲观者

你是一个害羞的、神经质的、优柔寡断的人，你对别人有依赖感，需要人照顾，面对事情你永远没有自己的主见，总期待别人为你做决定；你是一个杞人忧天者，一个永远为不存在的问题

自寻烦恼的人，也许有些人认为你令人乏味，但那些深知你的人知道你不是这样的人。

21～30分——缺乏信心的挑剔者

你是一个谨慎、十分小心、勤勉刻苦、很挑剔的人，一个缓慢而辛勤工作的人。一般而言，你的言行都在大家的意料之中，也就是说，你的性格是一个相对稳定的性格。

31～40分——以牙还牙的自我保护者

你是一个明智、谨慎、注重实效、伶俐、有天赋、有才干且谦虚的人。你在交友方面很谨慎，但一旦成为朋友，你将对朋友非常忠诚，同时要求朋友对你也有忠诚的回报。如果这种信任被破坏，你将很难过。

41～50分——平衡的中道者

你是一个有活力的、有魅力的、讲究实际的而且永远有趣的人；你亲切、和蔼、体贴、能谅解人；你是一个永远会给人带来快乐并会帮助别人的人；你经常是群众注意力的焦点，但是你还不至于因此而昏了头。

51～60分——吸引人的冒险家

你具有令人兴奋的、高度活泼的、相当易冲动的个性。你是一个天生的领袖，能在很短的时间内做出决定，虽然你的决定不总是对的。你是一个愿意尝试而欣赏冒险的人。因为你散发的热情，周围的人都喜欢跟你在一起。

60分以上——傲慢的孤独者

在别人的眼中，你是自负的、以自我为中心的、是个极端有支配欲、统治欲的人。别人可能钦佩你，但同时也会从骨子里讨厌你的自负和高傲。

第二章　培养优势性格，铸就生命奇迹

改变命运不靠他人——培养独立型性格

美国成功学家、教育学家柯维把人生的成长分为三个层次：分别是依赖、独立、互赖。

依赖的着眼点在对方——对方照顾我，对方为我的成败得失负责任，事情若有差错，我便怪罪于对方。

独立着眼于自己——我可以自立，我为自己负责，我可以自由选择。

互赖是从大家的观念出发——我们可以自主合作、集思广益，共同开创美好的人生。

第一个层次的人依赖心重，靠别人来完成愿望；第二层次的人独立自主，自己打天下；第三层次的人，他们群策群力达到成功。

在依赖阶段，如果生理上无法自立，比如身体残疾，便需要别人的帮助；情感上不能独立，他的价值观和安全感建立在别人的评价上，一旦无法取悦别人，个人便失去了价值；知识上无法独立，就要依赖别人代为思考，解决生活中的大小问题。

在独立阶段，生理上独立的人可以行动自主；心智独立的人可以有自己的思想，具备抽象思考、创造分析、组织与表达能力；情感上独立的人能够肯定自我，不在乎外界的毁誉。

由此可见，独立比依赖成熟得多，拥有真正独立的人格，能够事事操之在我，不受制于人。

一个人的奋斗过程，也就是追求独立的过程，包括生存独立、经济独立、思想独立、感情独立、人格独立、意志独立，等等。

独立可以成就一个人的一生。养成了独立的性格，我们就可以主宰命运，就可以做自己命运的主人。

著名作家刘墉为了培养儿子独立的性格，锻炼儿子的独立生存能力，在儿子上高中时，就把儿子送到一所离家很远的学校。

母豹在小豹长大以后，要将小豹领到悬崖上，狠心地将其往悬崖下推，迫使它不得不牢牢地用爪子抓住崖下的石头往上爬，其实这也是为了锻炼小豹独立生存的能力。

有位哲人曾说过：一个没有经历过磨难的生命，会存在许多的遗憾。一个人一生中不可能一帆风顺，总有面对挫折、困难的时候。我们是否是一个性格独立的人，才是能否成功的关键。

独立，就意味着离开家的庇护，离开对朋友的依赖，自己独立去走自己的路。我们应该清楚自己才是自己的主人，只有自己才能帮助自己到达成功的顶峰。郑板桥说过："流自己的汗，吃自己的饭。"这是对独立的最好解释。如果不靠自己的努力，那谁也保证不了你的成功。

一个人只有彻底摒弃依附别人的个性，养成独立的性格，才不会把自己的命运寄托在所依附的人身上，也只有这样，才会拥有成功的人生。香港著名财经小说作家梁凤仪即是一例。

梁凤仪的小说，主角多是以女性为主。她们活跃于社会各阶层，在事业上敢于同男性正面竞争，但同时不失传统女性的温柔、贤淑、细腻和体贴。在故事中，这些近乎完美的女性能够热切地追求美好的爱情，渴望建立一个幸福的家庭，她们可以执着地爱一个男人，但绝对不会依赖男人的力量来建立事业。

梁凤仪与她的大学同学何文汇于 1972 年结婚后前往英国陪读。到伦敦后，梁凤仪成为一个纯粹的家庭主妇，她每日在家打扫房间、买菜、做饭，着实过了一段恬静安适、波澜不惊的生活。

但是聪明的梁凤仪发现了这种平静的家庭生活并不是她所想

要的，只有自己独立，有自己的事业，做到事业和家庭并重，一个女人的人生才算完整。

1974年，她又随丈夫陪读到美国，后因在美国生活窘迫而于1975年回到香港，受聘于香港综艺电视台，任编剧及戏剧创作人。

随后，梁凤仪成立了香港第一家“菲佣介绍公司”。该公司没赚很多钱，但却在香港产生了很大影响，引起了新鸿基证券集团董事局的注意。新鸿基的老板冯景禧是香港华资金融王国的当家人，他亲自向梁凤仪发出邀请，聘请梁凤仪到新鸿基集团任高级职员，主管公关部门及广告部门。从此，梁凤仪正式踏入了香港财经界。她从零开始，勤奋学习，很快便成为冯景禧手下最受重用的干将之一。这段生活也是她日后创作财经小说的重要素材。

然而就在梁凤仪在财经界大展宏图之际，她的婚姻生活亮起了红灯。因为何文汇远在美国任教，他对为了事业冷落家庭的梁凤仪表示不满。梁凤仪在伤心和困惑之后，做出了痛苦的抉择。

梁凤仪和何文汇的离婚，是君子式的，理智而坦然。梁凤仪和何文汇君子式的分手后，至今还保持着君子式的交往。

梁凤仪能够这样平心静气地对待婚姻的破裂，是因为她有自己丰富完整的人格，她不需要依附于任何男人。她曾感慨过这个男女不平等的社会对于职业女性的不公和压力：“当一个女人要把自己连名带姓地依附在一个男人名下时，原来会有很多掣肘。”

与此同时，梁凤仪对写作的热情也得到升华。她拿起笔，不断地写出了很多脍炙人口的好作品，这与她丰富的人生经历也是分不开的。

由于梁凤仪才华出众，经验独特，她的小说多以香港风云变幻的商界为背景、以自立奋斗的女强人为主人公、以缠绵悱恻的爱情故事为中心情节，并将财经知识和经营管理知识融于悲欢离合之中，创造出与以往言情小说风格迥异的“财经小说”，为当今香港小说增添了新品种。

风摧不垮雨打不折——培养坚韧型性格

坚韧是一种刚强，坚韧是一种体现生命弹性的品格，坚韧是一种性格的魅力，坚韧是在坚持中体现出的一种韧性，是一种更理性、富有强度的力量。

具有坚韧性格的人是明知不可为而为之、是夹缝里求生存、是明知山有虎偏向虎山行的人。坚是一种特性，坚不可摧就是此意。老子说：“兵强则灭，木强则折。”因此只有坚是不行的，还得有韧，韧是顽强的意志力和超强的忍耐力。具有坚韧性格的人是无敌的，这种人做事专一，永不放弃，不屈不挠，不达目的誓不罢休。这种性格的人无论从事什么职业都会成功，因为他们绝对不轻言放弃。

在日本曾经有一位父亲很为他的孩子苦恼。因为他的儿子已经长到十五六岁了，却一点也没有男子汉的气概。于是，这位父亲只好去拜访一位在寺院修行的禅师，请他帮助训练自己的孩子。禅师对他说；“你把孩子留在我的寺院里吧，三个月以后，我一定可以把他训练成真正的男人。不过，这三个月之内，你不可以来看他。”父亲考虑了一下之后同意了禅师的要求。

三个月之后，那位父亲如约来接他的孩子。禅师安排孩子和一个空手道教练进行一场比赛，以此展示这三个月的训练成果。教练一出手，孩子便应声倒地，不一会儿，那孩子站起来继续迎接挑战，但马上又被打倒，他就又站起来……就这样来来回回一共 16 次。禅师问父亲；“你觉得孩子的表现够不够男子气概？”父亲回答说：“我简直羞愧死了，心痛死了！想不到我送他来这里受训三个月，看到的结果是他竟然这么不经打，被人一打就倒。”禅师说：“我很遗憾你只看重表面的胜负，你有没有看到你儿子那种倒下去之后立刻又站起来的勇气和毅力呢？那才是真正的男子汉气概啊！”

坚韧需要磨砺，急火难做美食。只要站起来比倒下去多一次那就是走向成功的机会。那些渴望成功的人，都懂得不能因为暂时的失败和挫折而自暴自弃，反而应该更加努力上进。

很早以前，在荷兰的一个小镇，来了一个只有初中文化程度名叫列文虎克的年轻农民。他的工作是为镇政府守大门，一干就是60多年。他在工作之余，不下棋、不打牌，只爱磨镜片。为了钻研磨镜技术，他到处求师访友，向眼镜匠学习，向炼金家请教，常在寂寞的深夜磨个不停。由于忙碌，他减少了与亲友的往来，有人骂他是“不近人情的家伙”。对此，列文虎克无动于衷，锲而不舍地勤奋工作，磨出的复合镜片的放大倍数超过了专业技师，最终制成了当时无与伦比的精细显微镜，揭开了科技尚未知晓的微生物世界的“面纱”。因此他被授予巴黎科学院院士的头衔，英国女王访问荷兰时，还专程到这个小镇拜会他，英国皇家学会也选他为会员。

其实，要想取得成功，没有什么“捷径”可走，也没有什么“锦囊妙计”，最需要的就是坚韧的品格。正如法国微生物学家巴斯德所说：“告诉你使我达到目标的奥秘吧！我唯一的力量就是我的坚持精神。”

因此，培养坚韧的性格对于一个人来说尤为重要，那么，如何来培养坚韧的性格呢？

第一，确切地知道自己最想要的是什么，给自己树立一个目标。

第二，让自己拥有强烈的想得到坚韧性格的欲望。

第三，相信自己的能力，给自己足够的自信。

第四，不管是生活中还是工作中，都要学会与人合作，了解和适应别人的方式，与周围的人建立融洽的关系。

第五，张扬自己的意志力，这样才能为了既定的目标而自觉去努力。

第六，经常进行体育锻炼，培养在困境中的坚韧和弹性，强化驾驭生活的能力。

把握时机雷厉风行——培养行动型性格

杰克·韦尔奇给年轻人的忠告：如果你有一个梦想，或者决定做一件事，那么，就立刻行动起来。如果你只想不做，是不会有所收获的。要知道，100 次心动不如 1 次行动。

在生活中至少存在两种类型的人：一是天天沉浸于幻想中，看不到一点行动迹象的人；二是善于把想法落实到计划中，成为一个敢于行动的人。你是哪一类人？凭你自己的经历，相信你已经找到了答案。

但是，这个看似人人皆知的问题，在许多人身上并没有引起足够的重视，因为他们常常把失败的原因归罪于外部因素，而不是从自身找到失败的病根子。其中很重要的一条是：这些人常常是幻想大师，面对那些看不见、摸不着的东西时心动不已，总以为光凭自己的意愿就能实现人生理想，就能过自己想过的日子，就能成为一个被人羡慕的人。抛开这些特定的人不讲，实际上在我们身边，那些天天抱头空想自己未来的人，之所以没有人生的进展，就在于他们都是“心动专家”，而不是“行动大师”。

有人说，心想事成。这句话本身没有错，但是很多人只把想法停留在空想的世界中，而不落实到具体的行动中，因此常常是竹篮子打水一场空。当然，也有一些人是想得多干得少，这种人只比那些纯粹的“心动专家”要强一些，好一些。因为行动是一个敢于改变自我、拯救自我的标志，是一个人能力有多大的证明。光心想、光会说，都是虚的，不能看到一点实际的东西。美国著名成功学大师马克·杰弗逊说：“一次行动足以显示一个人的弱点和优点是什么，能够及时提醒此人找到人生的突破口。”毫无疑问，那些成大事者都是勤于行动和巧妙行动的大师。在人生的道路上，我们需要的是：用行动来证明和兑现曾经心动过的金点子。

立刻行动起来，不要有任何的耽搁。要知道世界上所有的计划都不能帮助你成功，要想实现理想，就得赶快行动起来。成功者的路有千条万条，但是行动是每一个成功者的必经之路，也是一条捷径。因为幸运永远也不会降临到那些光心动而不行动的人身上。只有行动，才能成功。

有两个人找到上帝，请教怎样才能成为天使，上帝派他们到一座大山上去考察，约定10年后再相见。

他们一起攀上了山顶，发现整座山竟没有一棵树、一株草，他们内心十分不满意。一个人发了牢骚后就愤然离去，另一个人则是去别的山上采摘了各种各样的种子，把它们播种到了荒山上。

10年后，上帝接见了这两个人，询问他们有关那座荒山的情况。“真想不到，世界上还有如此荒凉的大山，一棵树、一株草也没有。”第一个人抱怨说。

“10年前，那里的确是一座荒山。不过，今天，它已是一座青山。”另一个人说。

“怎么会呢？荒山只能永远是荒山啊！”

“那只是暂时的荒山，只要我们用行动改造它，播上树种，它就会长满树；播上草种，它就会长满草。”

上帝欣慰地点点头，对第二个人说：“你已经成为天使了。”

这就是行动的力量。只要行动起来，每个人都可以成为天使。

行动要以目标为指针，踏踏实实，一步一个脚印地创造价值。行动是一个坚持的奋斗过程，需要我们扎扎实实地履行人生背负的责任。成功始于行动，世界是行动的唯一果实。

当一个青年问被誉为“推销之神”的日本人原一平如何做好推销时，他神秘地说：“答案就在这里。”言毕，他脱下袜子，“你来摸一摸就知道了。”青年果断地去摸了摸，惊讶地说：“这么厚的老茧啊！”

原一平严肃地说：“没有什么秘密，只有坚持不懈地行动。”

当我们羡慕别人的成功时，我们有没有问问自己是否已经开始行动？如果没有，那让自己马上开始吧！

（1）行动从落实任务开始。给自己落实任务是学会行动的最深学问。一个人既要学会给别人落实任务，也要学会给自己落实任务。有了任务，行动才会有方向。

（2）为行动编制提纲，一步一步地去实现目标，各个击破。杂乱无章，往往令人无从下手，久而久之，既降低工作的效率，又使我们失去了信心和意志，这时，编制提纲就显得尤为重要。

（3）看事物要深入到本质中去。

（4）贵在执行，勇于执行。执行，是实现目标的过程；执行，才可以体验到成功的喜悦。

（5）用乐观的态度善待麻烦。生活中麻烦的事情很多，愁眉苦脸也解决不了，那为何不让自己乐观地去面对呢？

（6）选择通往成功最佳的道路。通往成功的路有无数条，最重要是选择适合自己的最佳道路。

（7）对待重大问题要有举重若轻的态度，对待日常小事要有举轻若重的态度。

（8）细节可以影响全局，所以千万不要忽视细节。只有雕琢细节，才能使璞玉圆润光洁。行动也一样，细小的差错也会影响个人整体的良性发展。

（9）今日事，今日毕，绝对不要抱有“明日复明日”的想法。

（10）贵在坚持，有始有终。失败的原因有很多，但成功的原因只有一个：贵在坚持，有始有终。所谓“破釜沉舟，百二秦关终属楚；卧薪尝胆，三千越甲可吞吴”。

积极乐观快乐无忧——培养快乐型性格

快乐是什么——快乐既非一份礼物，也不是一项权利，我们得主动去寻觅、用心去追求，才能得到。当你尝试新的事物，接受新的挑战时，你就会因发现了一个新的生活层面而惊喜不已。有梦想、有追求，就会有快乐。因为奋斗的过程和达到目标时的辉煌，都能使人感受到无比的快乐。

快乐是一种心灵状态，快乐不是来自于物体，它也不是一件东西。快乐也不是一种穷追不舍——你不需要紧紧地抓住它，因为它就在你心中，你已经得到它了。但这并不表示你就不需要贡献一些精力给它。快乐就像一场宴会，你坐下来享受其中的乐趣——但只有你要它、你已准备好迎接它时，它才会翩然到来，让快乐发生！

一个人要是快乐地去生活、去工作，那么，他不仅会让自己的生活亮丽起来，也会为别人带来快乐。与快乐的人在一起会让人十分放松，因此，快乐的人是最容易赢得朋友的，只要他们的一个微笑就足以让整件事情向着一个良好的方向发展。而且快乐的人通常是乐观的，他们总是会看到事情美好的一面，相信事物美好的一面，并且向着美好的一面而努力，给人积极向上的印象。

一个人是否快乐，不在于拥有什么，而在于如何看待自己所拥有的一切。快乐的遥控器始终掌握在自己的手中，生活快乐与否，就看你是否能将性格的视窗对准快乐的频道。所以在生活中，我们应该抛弃痛苦，沉淀快乐。

培养快乐型的性格可以让我们的人生充满快乐。按照下面的方法做，我们每个人都能与快乐相伴。

（1）保持童心。孩子是天真无邪的，他们拥有容易满足的品性，他们总能在人们的举手投足中寻找到快乐。所以，成人也应该向他们学习，经常保持一颗纯真的童心。

（2）不为小事烦恼。人生短暂，浪费时间为小事烦恼是巨大的损失，抛弃小事所带来的烦恼才是人生的最高智慧。

（3）学会放松。学会放松才能保持最佳的活力从而去迎接新的生活；学会放松才能让我们更快地适应周围的环境，提高生活的质量。

（4）简单地生活。简单即智慧。生活本身就是极其简单的，我们为什么要人为地把它搞得那么复杂呢？

（5）知足者常乐。学会满足，才能让自己快乐；学会满足，才能活出真实的自我。

（6）丰富自己的兴趣爱好。丰富自己的兴趣爱好、充实自己的生活是获得快乐的途径，也是培养快乐型性格的捷径。

这种简单的办法是否有用呢？你可以自己试一试。使你的脸上露出一个很快乐的笑脸来，抬头挺胸，好好地深吸一大口气，然后唱一小段歌；假如你五音不全，就吹口哨；若是你不会吹口哨，就哼一段小曲。当你的行动可以体现你快乐的时候，根本就不会再忧虑和颓废下去了。

假如我们想培养宁静和快乐的心境，请记住下面的原则：“有了快乐的思想和行为，你就能得到快乐。”

没错，一个拥有快乐性格的人才会将他的生活和工作当作一种乐趣，并不断地从中获得快乐。痛苦的存在在很大程度上都是因为我们的欲望太多而得不到满足，因此，让自己快乐的根源就在于我们自己内心要少一些物质的渴望和对生活、对他人的苛求，多一些对生活、对他人的感恩。

感谢你身边的每一个人吧！感谢你所经历的每一件事吧！只有当你真正懂得感谢的时候，你就获得了真正的快乐。

左右逢源人脉畅通——培养社交型性格

波斯文学家萨迪曾说：“蚊子一起冲锋，大象也会被征服。”卡耐基也曾指出：一个人事业的成功，只有15%是由于他的专业技术，另外的85%要靠人际关系和处世技巧。他还指出：只有想办法去认识更多的人，并使这些人都成为自己的朋友，才是人生成功的关键。所以，想要成功，就必须精心编织一张属于自己的人际关系网。

拓展人际关系，应从培养社交型性格着手。拓宽自己的社交圈子，不仅可以了解别人，认识社会，也可以捕捉到更多的信息，增强自己的竞争力。同时，还可以让别人了解自己，然后通过别人的反映来更好地认识自己。

社交是一种艺术，也是一门学问，社交是人生的需要，绝对不能视为可有可无。一个不会社交的人，在这样一个年代必将寸步难行。

因此，培养社交性格对于我们而言是尤为重要的，而培养社交性格的第一步便是乐于助人，累积人情，建立关系网。

钱锺书先生一生日子过得比较清贫，但在困居上海孤岛写《围城》的时候，也窘迫过一阵。辞退保姆后，由夫人杨降操持家务，所谓“卷袖围裙为口忙”。那时他的学术文稿没人买，于是他写小说的动机里就多少掺进了挣钱养家的成分。一天500字的精工细作，绝对不是商业性的写作速度。恰巧这时黄佐临导演上演了杨绛的四幕喜剧《称心如意》和五幕喜剧《弄假成真》，并及时支付了酬金，才使钱家渡过了难关。时隔多年，黄佐临导演之女黄蜀芹之所以独得钱锺书亲允，开拍电视连续剧《围城》，实因她怀揣老爸一封亲笔信。钱锺书是个别人为他做了事他一辈子都记着的人，黄佐临40多年前的义助，钱锺书多年后回报。

人际关系网一旦建立，就需要用耐心去对人际关系进行认真地经营。若只是建立了人际关系网而不进行经营，那么，人际关系网也迟早会出问题。

而建立和维护关系网都需要有耐心，如果用到人时终日笑脸相迎；用不到人时则相逢若不相识，这样的人太急功近利，一点生命的真爱都没有，他自然也很难有什么人缘。人和人的交往更多的在于心的交流，这是一个长期的过程，所以建立和维护人际关系是极其需要耐心的。

某位企业董事长的交际手腕高人一筹。他长期承包那些大电器公司的工程，对这些公司的重要人物经常施于小恩小惠，但这位董事长不仅结交公司要人，对年轻职员也殷勤款待。

当自己结交上的某位年轻职员晋升为科长时，他会立即跑去庆祝，赠送礼物。年轻科长自然十分感动，无形中产生了知恩图报的意识。这样，当有朝一日这位职员晋升为处长、经理等要职时，仍记着这位董事长的恩惠。因此在生意竞争十分激烈的时期，许多承包商倒闭的倒闭，破产的破产，而这位董事长的公司仍旧生意兴隆。其原因之一就是他平常在人际关系中感情投资较多。

当然，我们在人际交往中还有一点也是至关重要，那便是交往互助，这样才能办事顺利。

交际中的互助原理是：你在关键时刻帮人一把，别人也会在重要时刻助你一臂之力。初看起来似乎是等价交换，其实，不管你是一个什么样的人，都不可能像鲁滨孙那样独自一人闯天下，尤其是要想打开自己的人生局面，更离不开与各种各样的人打交道。要想让别人将来帮助你，你就必须先付出精力去关心别人、感动别人，这样才能赢得别人的回报。因此，培养练达的性格，必须信守“相互帮衬”之道。

而在这样一个人际关系占据重要位置的时代，培养社交型性格的准则是什么呢？

（1）克服过分的自尊心理。过分自尊的人，其实是怕别人发现自己的缺点，在心理上形成了一种自我保护。一旦被别人发现缺点，他就变得非常失望、自卑甚至自我封闭。因此，过分自尊是我们开展社交必须逾越的一堵墙。

（2）克服自卑的心理。培养社交型性格必须战胜自卑，因为自卑的人喜欢把自己保护起来，不愿意与人交往。

（3）克服腼腆胆怯的心理。培养社交型性格就意味着与各种各样的人打交道，所以腼腆胆怯的心理是不可取的。

（4）要有一颗宽容的心。人最高贵的品质是宽容。不要紧盯别人的缺点，斤斤计较，“人非圣贤，孰能无过”，宽容别人，也就是宽容自己。

（5）要有“三人行，必有我师”的意识。有了这种意识，才能发现别人的长处，才能让自己有一种虚怀若谷的心境。

（6）要真诚地赞美别人。只有赞美别人，才能得到别人的赞美，才能发现彼此的优点。

（7）要有互惠双赢的理念。“欲得之，先予之”，付出才有收获。

第三章 修复性格缺陷，做最完美的自己

别让狭隘禁锢你的心灵

有的人遇到一点点委屈或很小的得失便斤斤计较、耿耿于怀；有的学生听到老师或家长一两句批评的话就接受不了，甚至痛哭流涕；有的人对学习、生活中一点小小的失误就认为是莫大的失败、挫折，长时间寝食不安；有的人人际交往面窄，追求少数朋友间的“哥们义气”，只同与自己一致或不超过自己的人交往，容不下那些与自己意见有分歧或比自己强的人。

有关专家曾针对这一现象，对不同性格的人的生理变化进行了研究，从中得到了有趣的发现：性格开朗的人，其基础代谢率较高，组织器官的新陈代谢较快，内分泌系统平衡协调，各项生命指标，如血压、脉搏等相对稳定；而心胸狭隘、忧郁的人，其结论正好相反。

这些生理现象实质上是由心理因素引起的。心胸狭隘、心情忧郁的人，好静不好动，饮食少而无规律，经常失眠，神经衰弱，爱发脾气、生闷气等。如果上述性格与生活习惯交互作用，会互相加剧，形成恶性循环，结果导致内分泌紊乱，组织器官因养分不足而过早衰老。性格开朗的人则喜爱运动，心胸开阔，乐观向上，这些良好的生活习惯与性格特点形成良性循环，有利于内分泌系统平衡稳定，组织器官新陈代谢旺盛，从而使机体充满活力。

可见，不同性格的人，其生活习惯，直接或间接地影响到人的健康状况。

狭隘的产生同家庭中不良因素的影响有很大关系。父母狭隘的心胸，为人处世的方法，不良的生活习惯等对子女有潜移默化的影响。有些子女狭隘的性格完全是父母性格的翻版。另外，优越的生活环境、溺爱的教育方法往往易使子女养成任性、骄傲、利己主义等品质，自然受点委屈便耿耿于怀，对“异己”分子不肯容纳与接受，尤其是一些年轻人，阅历浅、经验少，遇到问题后，容易把事情想得过于困难、复杂，加之对自己的能力认识不足，对完成事情感到无能为力，因而容易紧张、焦虑、放心不下。

狭隘的人，不仅生活在一个狭窄的圈子里，而且知识面也往往非常狭窄。因此，开阔的视野很重要。如老师和家长多让学生参加一些社会公益活动，参观一些伟人、名人纪念馆，听英雄人物事迹报告会等。这能使学生在亲身经历中感悟到很多人生道理。丰富课余文化生活，组织多种多样的文娱、体育活动，拓宽兴趣范围，使自己时刻感受到生活、学习中的新鲜刺激，感受到生活的美好，进而陶冶性情，从而在健康向上的氛围中增强精神寄托，消除心理压力。

狭隘的人，其心胸、气量、见识等都局限在一个狭小的范围内，不宽广、不宏大。多与人接触，使自己对不同的人有不同的认识，从而积累经验，这样会从中明白许多对与错的道理。善于宽容是人的一种美德。对任何事都斤斤计较的人，一定是一个狭隘的人。

怎样才能克服气量小、狭隘的毛病呢？

1. 拓展心胸

陶铸同志曾经写过这样两句诗：“往事如烟俱忘却，心底无私天地宽。”要想改掉自己心胸狭隘的毛病，首先要加强个人的思想品德修养，破私立公，遇到有关个人得失、荣辱之事时，经常想到国家、集体和他人，经常想到自己的目标和事业，这样就会觉得犯不着计较这些闲言碎语，也就没有什么想不开的事情了。

2. 充实知识

人的气量与人的知识修养有密切的关系。有句古诗说："曾经沧海难为水，除却巫山不是云。"一个人知识多了，立足点就会提高，眼界也会相应开阔。此时，就会对一些"身外之物"拿得起、放得下、丢得开，就会"大肚能容，容天下能容之物"。当然，满腹经纶、气量狭隘的人也有的是，但这并不意味着知识有害于修养，而只能说明我们应当言行一致。培根说："读书使人明智。"经常读一些心理卫生学方面的书籍，对于开阔自己的胸怀大有裨益。

3. 缩小"自我"

你一定要不断提醒自己，在生活中不要期望过高。来点阿Q精神降低你的期望。如果你坚持抱着一成不变的期望，不愿做任何改变去减少你的期望以平衡期望和现实之间的差距，那么你很快就会被激怒，让事情变得更糟。根据墨菲定律："只要事情有可能出错，就一定会出错。"这正好抓住了降低期望、明智看待事情的想法，它也说明了该如何调整期望，才不会留下满屋子的失望和挫折感。

降低你的期望不但可以减少你的生气次数和生气的强烈程度，还可以缩短生气的时间。随时调整你的期望，时刻保持清醒的头脑，你才会冲破自负的乌云看到阳光。

"宰相肚里可撑船"，宽容大度是一种长者风范，智者修养。当你怒气冲天时，切记"金无足赤，人无完人"；或者多想想自己读书时也曾干过蠢事，说过错话，将心比心来提醒自己；也可以多想想发怒的害处等，这同样也会使怒气烟消云散。

王朔曾发表文章《金庸太臭》，顿时引起了广大金庸迷的极大不满。"金大侠"得知后却不急不缓地说与王朔未见过面，相互之间也不认识，在公众场合也未对他的小说给予过差评。因此，王朔与他不会有个人恩怨，文艺作品总会有人说好，有人说差，他非常欢迎有人批评他的小说。由于传真的文章不太清楚，他会去把王朔先生的原文找来认真阅读，只要王朔说得对，他一定会诚恳接受，虚心改正。

的确，当我们不再让自己“膨胀”时，我们便能用一颗平常心来面对生活，这样也就使心胸开阔了许多。因此，正确地善待自我是极其有利于我们走出狭隘的。

4. 自然陶冶法

人们在学习工作之余，在庭院花卉、草坪旁休息，在绿树成荫的大道上散步，在风景秀丽的幽静的公园里游玩，往往心旷神怡，精神振奋，也利于忘却烦恼，消除疲劳。

自然风光对人的心理有积极作用这一点，早已被古人所认识。唐诗曰：“清晨入古寺，初日照高林。曲径通幽处，禅房花木深。山光悦鸟性，潭影空人心。万籁此俱寂，唯闻钟磬音。”大自然的确能使人缓解心理紧张，陶冶人的情操。

远离让你永远也站不起来的自卑

自卑，就是自己轻视自己，看不起自己。自卑心理严重的人，并不一定就是本人具有某种缺陷或短处，而是不能愉悦地接纳自己，自惭形秽，常把自己放在一个低人一等，不被自己喜欢，进而演绎成别人看不起的位置，并由此陷入不能自拔的境地。

自卑的人心情低沉，郁郁寡欢，常因害怕别人瞧不起自己而不愿与别人来往，只想与人疏远，他们缺少朋友，甚至自疚、自责、自罪；他们做事缺乏信心，没有自信，优柔寡断，毫无竞争意识，享受不到成功的喜悦和欢乐，因而感到疲劳，心灰意懒。

由于自卑的人大脑皮层长期处于抑制状态，中枢神经系统处于麻木状态，体内各器官的生理功能得不到充分的调动，不能发挥各自应有的作用；同时，分泌系统的功能也因此失去常态，有害的激素随之分泌增多；免疫系统失去灵性，抗病能力下降，从而使人的生理机能发生改变，出现各种病症，如头痛、乏力、焦虑、反应迟钝、记忆力减退、食欲缺乏、性功能低下等，这些表现都是衰老的征兆。

也许我们每一个人都曾自卑过，这很正常，其实我们每一个人都或多或少有些自卑情绪。德国心理学家阿德勒认为，所有人在幼小的时候都具有自卑感。因为一个人幼时生理机制还未完全发育，一切都要依赖成人才能生存。父母在他们的眼中是无所不能的上帝，看到成人处处优于自己，每个孩子都会产生自卑感。

“不胜任感和自卑感广泛存在于我们的世界里。”正如心理学家詹姆斯·道尔皮所说，“自卑存在于我们每个人特别是青少年的生活里，并困扰着我们”。

虽然自卑总是与我们为伍，但是那些专门致力于自卑心理研究的专家们告诉我们，自卑并非坏事，相反，它是所有人发展的主要推动力量，自卑感使人产生寻求力量的强烈愿望。

当一个人感到自卑时，就会力图去完成某些事情，以成功来克服自卑。达到成功后，人的内心会处于相对稳定的时期。而看到别人的成就之后，又会产生新的自卑，以促使自己达到更大的进步，以此周而复始。当然，自卑并不总是催人进步。如果一个人已经气馁了，认为自己的努力无法改变自己的处境，但又无力摆脱自卑感，那么，为了维护心理的健康（自我的统一），他就会设法摆脱它们。只是这些方法不会使他进步，他会用一种虚假的优越感来自我陶醉，麻木自己，这类似于阿Q精神。由于自卑者生活在自己虚设的精神世界里，而造成自卑的情境依然没有改变，因此，他的自卑感就会越积越多，其行为也就陷入了自欺当中，形成了自卑情结。

有的社会心理学家就认为，自卑的产生是一个人不正确归因的结果。

一件事发生后，人总是会试图去分析产生这种结果的原因。但不同的人对同一件事情的评价往往是不同的。例如，同是输了一场篮球比赛，有的队员会认为这是自己队的运气不好、或场地不行、或球不好打等（外部归因），而有的队员可能会认为这是自己的实力不行，输球是必然的（内部归因）。自卑的产生往往就是将失败归结为自身的原因，与环境无关，即只看到自己的不足，看不到自己的长处。

征服畏惧，战胜自卑，不能只是夸夸其谈，止于幻想，而必须付诸实践，见于行动。建立自信最快、最有效的方法，就是去做自己害怕的事，直到获得成功。

1. 认清自己的想法

有时候，问题的关键是我们的想法，而不是我们想什么事情。人的自卑心理来源于心理上的一种消极的自我暗示，即“我不行”。正如哲学家斯宾诺莎所说：“由于痛苦而将自己看得太低就是自卑。”这也就是我们平常说的自己看不起自己。悲观者往往会有抑郁的表现，他们的思维方式也是一样的。所以要先改变带着墨镜看问题的习惯，这样才能看到事情明亮的一面。

2. 放松心情

努力地去放松心情，不要想不愉快的事情。或许你会发现事情真的没有原来想的那么严重，会有一种豁然开朗的感觉。

3. 幽默

学会用幽默的眼光看事情，轻松一笑，你会觉得其实很多事情都很有趣。

4. 与乐观的人交往

与乐观的人交往，他们看问题的角度和方式，会在不知不觉中感染你。

5. 尝试做一点改变

先做一点小的尝试。比如，换个发型，画个淡妆，买件以前不敢尝试的比较时髦的衣服……看着镜子中的自己，你会觉得心情大不一样，原来自己还有这样一面。

6. 寻求他人的帮助

寻求他人的帮助并不是无能的表现，有时候当局者迷，当我们在悲观的泥潭中不可自拔的时候，可以让别人帮忙分析一下，换一种思考方式，有时看到的东西就大不一样。

7. 要增强信心

因为只有自己相信自己，乐观向上，对前途充满信心，并积极进取，才是消除自卑、促进成功的最有效的补偿方法。悲观者缺乏的，往往不是能力，而是自信。他们往往低估了自己的实力，认为自己做不了。记住一句话：你说行就行。事情摆在面前时，如果你的第一反应是我行，我能够做到，那么你就会付出自己最大的努力去面对它。同时，你知道这样继续下去的结果是那么诱人，当你全身心投入之后，最后你会发现你真的做到了；反之，如果认为自己不行，自己的行为就会受到这个念头的影响，从而失去太多本该珍惜的好机会。因为你一开始就认为自己不行，最终失败了也会为自己找到合理的借口："瞧，当初我就是这么想的，果然不出我所料！"

8. 正确认识自己

对过去的成绩要做分析。自我评价不宜过高，要认识自己的缺点和优点。充分认识自己的能力、素质和心理特点，要有实事求是的态度，不夸大自己的缺点，也不抹杀自己的长处，这样才能确立恰当的追求目标。特别要注意对缺陷的弥补和优点的发扬，将自卑的压力变为发挥优势的动力，从自卑中脱离。

9. 客观全面地看待事物

具有自卑心理的人，总是过多的看重自己不利、消极的一面，而看不到有利、积极的一面，缺乏客观全面地分析事物的能力和信心。这就要求我们努力提高自己透过现象抓本质的能力，客观地分析对自己有利和不利的因素，尤其要看到自己的长处和潜力，而不是妄自嗟叹、妄自菲薄。

10. 积极与人交往

不要总认为别人看不起你而离群索居。你自己瞧得起自己，别人也不会轻易小看你。能不能从良好的人际关系中得到激励，关键还在自己。要有意识地在与周围人的交往中学习别人的长处，发挥自己的优点，多从群体活动中培养自己的能力，这样可预防因孤陋寡闻而产生的畏缩躲闪的自卑感。

11. 在积极进取中弥补自身的不足

有自卑心理的人大多比较敏感，容易接受外界的消极暗示，从而陷入自卑中不能自拔。如果能正确对待自身缺点，把压力变动力，奋发向上，就会取得一定的成绩，从而增强自信，摆脱自卑。

别让自负提前注定了你的失败

“谦虚使人进步，骄傲使人落后。”在人生的道路上，狂傲、自负很多时候会使人迷失方向，举步不前。

一个骄傲自负的人常会认为，一件事情如果没有了他，人们就不知该怎么办了。但实际上，这样的人总避免不了失败的命运，因为一骄傲，他们就会失去为人处世的准绳，最后在骄傲里毁灭了自己。

这样的人总是把自己看得很重要，但事实上，少了他，事情也可以做得一样好。所以，自大的人历来就是成事不足败事有余。你要切记这样一个道理：自大是失败的前兆。

自大的人往往不是无所依仗，而是总有一些突出的地方。这些突出的特长，使他们较之别人有一种优越感。这种优越感达到一定程度，便使人目空一切，不知天高地厚。深究其原因，大致可以归纳为以下几点：

1. 过分娇宠的家庭教育

家庭教育是一个人产生自负心理的根源。对于青少年来说，他们的自我评价首先取决于周围的人对他们的看法，家庭则是他们自我评价的第一参考系。父母的宠爱、夸赞、表扬，会使他们觉得自己“相当了不起”。

2. 生活中的一帆风顺

人的认识来源于经验，生活中遭受过许多挫折和打击的人，很少有自负的心理，而生活中一帆风顺的人，则很容易养成自负的性格。现在的中学生大多是独生子女，是父母的掌上明珠，如果他们在学校出类拔萃，老师又宠爱他们，他们就会养成自信、自傲甚至自负的个性。

3. 片面的自我认识

自负者缩小自己的短处，夸大自己的长处。缺乏自知之明，对自己的能力评价过高，对别人的能力评价过低，自然产生自负心理。这种人往往好大喜功，取得一点小小的成绩就认为自己了不起，成功时完全归因于自己的主观努力，失败时则完全归咎于客观条件的不宜，过分的自恋和以自我为中心，把自己的举手投足都看得与众不同。

4. 情感上的原因

一些人的自尊心特别强烈，为了保护自尊心，在挫折面前，常常会产生两种既相反又相通的自我保护心理。一种是自卑心理，通过自我隔绝，避免自尊心的进一步受损；另一种就是自负心理，通过自我放大，获得自卑不足的补偿。例如，一些家庭经济条件不是很好的学生，生怕被经济条件优越的同学看不起，便会假装清高，在表面上摆出看不起这些同学的样子。这种自负心理是自尊心过分敏感的表现。

一个人不知道并不可怕——人不可能什么都知道，但可怕的是不知道而假装知道，知道一点就以为什么都知道。这样的人就永远不会进步，就像老爱欣赏自己脚印的人，只会在原地绕圈子。

当然，自负并非不可克服，只要我们自己努力并加上正确的方法，克服它就肯定没有任何问题。

首先，接受批评是根治自负的最佳办法。自负者的致命弱点是不愿意改变自己的态度或接受别人的观点，接受批评即是针对这一特点提出的方法。它并不是让自负者完全服从于他人，只是要求他们能够接受别人的正确观点，通过接受别人的批评，改变过去固执己见、唯我独尊的形象。

其次，与人平等相处。自负者视自己为上帝，无论在观念上还是行动上都无理地要求别人服从自己。平等相处就是要求自负者以一个普通社会成员的身份与别人平等交往。

再次，提高自我认识。要全面地认识自我，既要看到自己的优点和长处，又要看到自己的缺点和不足，不可一叶障目，不见泰山，抓住一点不放，未免失之偏颇。认识自我不能孤立地去评价，应该放在社会中去考察，每个人生活在世上都有自己的独到之处，都有他人所不及的地方，同时又有不如人的地方，与人比较不能总拿自己的长处去比别人的不足，把别人看得一无是处。

最后，要以发展的眼光看待自负，既要看到自己的过去，又要看到自己的现在和将来，辉煌的过去可能标志着你过去是个英雄，但它并不代表着现在，更不预示着将来。

有一个成语叫“虚怀若谷”，意思是说，胸怀要像山谷一样虚空。这是形容谦虚的一种很恰当的说法。只有空，才能容得下东西，而自满，除了你自己之外，容不下任何东西。

生活之中，我们常常不自觉地把自己变作一个注满水的杯子，容不下其他的东西。因而，学会把自己的认识先放下来，以虚心的态度去倾听和学习，你会发现大师就在眼前。

多疑是躲在人性背后的阴影

有一个寓言，说的是“疑人偷斧”的故事：一个人丢失了斧头，怀疑是邻居的儿子偷的。从这个假想目标出发，他观察邻居儿子的言谈举止、神色仪态，无一不是偷斧的样子，思索的结果进一步巩固和强化了原先的假想目标，他断定贼非邻子莫属了。可是，过了不久他在山谷里找到了斧头，再看那个邻居的儿子，竟然一点也不像偷斧者。

这个人从一开始就自己给自己先下了一个结论，然后自己走进了猜疑的死胡同。由此看来，猜疑一般从某一假想目标开始，最后又回到假想目标，就像一个圆圈一样，越画越粗，越画越圆。最典型的恐怕就是上面这个例子了。现实生活中猜疑心理的产生和发展，几乎都与这种作茧自缚的封闭思路主宰了正常思维密切相关。

猜疑似一条无形的绳索，会捆绑我们的思路，使我们远离朋友。如果猜疑心过重的话，那么就会因一些可能根本没有或不会发生的事而忧愁烦恼、郁郁寡欢。猜疑者常常嫉妒心重，比较狭隘，因而不能更好地与身边的人交流，其结果可能是无法结交到朋友，变得孤独寂寞，对身心健康都有危害。

疑心重重，戴着有色眼镜看人，甚至毫无根据地猜疑他人的人，在猜疑心的作用下，会把被猜疑的人的一言一行都罩上可疑的色彩，即所谓“疑心生暗鬼”。有些人疑心病较重，乃至形成惯性思维，导致心理变态。一个人如果心胸过于狭窄，对同事、朋友乃至家人无端猜疑，不但会影响工作、影响人际关系、影响家庭和睦，还会影响自己的心理健康。

猜疑是建立在猜测基础之上的，这种猜测往往缺乏事实根据，只是根据自己的主观臆断毫无逻辑地去推测、怀疑别人的言行。猜疑的人往往对别人的一言一行很敏感，喜欢分析深藏的动机和目的，看到别的同学悄悄议论就疑心在说自己的坏话，见别人学习过于用功就疑心他有不良企图。好猜疑的人最终会陷入作茧自缚、自寻烦恼的困境中，结果导致自己的人际关系紧张，失去他人的信任，挫伤他人和自己的感情，这对心理健康是极大的危害。为此英国思想家培根曾说过：“猜疑之心如蝙蝠，它总是在黄昏中起飞。这种心情是迷惑人的，又是乱人心智的。它能使你陷入迷惘，混淆敌友，从而破坏人的事业。”因此，消除猜疑之心是保持心理健康的方法之一。

怎样矫正自己的猜疑心理呢？

1. 自信最重要

相信自己，相信他人，即在自己的心理天平上增加“自信”和“他信”这两块砝码。首先是“自信”，“自疑不信人，自信不疑人”。猜疑心理大多源于缺少自信。其次是“他信”，即相信别人，不要对别人抱以偏见或者是成见。当你怀疑别人的时候，一定要想想如果别人也这样怀疑你，你会是什么样的感受？这样去将心比心，换位思考就能真正去信任别人了。

2. 注意调查研究

俗话说，“耳听是虚，眼见为实”。不能听到别人说什么就产生怀疑，不要听信小人的谗言，不能轻信他人的挑拨，要以眼见的事实为据。况且，有时眼见的未必是实。因此，一定要注重调查研究，一切结论都应产生于调查的结果，否则就会被成见和偏见蒙住眼睛，钻进主观臆想的死胡同出不来。

3. 坚持“责己严，待人宽”的原则

猜疑心重的人，大多对自己的要求不严、不高，对别人的要求倒多少有些苛刻，总是要求别人做到什么程度，没有想一想自己会不会做到。因此克服疑心必须从严格要求自己做起，对别人过高的要求，别人达不到，就认为人家存在问题，必然会妨碍你对别人的信任。因此，坚持宽以待人、严于律己的原则，是克服猜疑心的一条重要途径。

4. 采取积极的暗示，为自己准备一面镜子

平时，不要总想着自己，想着别人都盯着自己。而要对自己说，并没有人特别注意我，就像我不议论别人一样，别人也不会轻易议论我。而且，只要自己行得正，站得直，又何必怕别人议论呢？有时不妨采用自我安慰的“精神胜利法”，别人说了我又能如何呢？只要我自己认为，或者感觉绝大多数人认为我是对的，这样在心里的疑心自然就会越来越小了。

5. 抛开陈腐偏见

记得一位哲人说过：“偏见可以定义为缺乏正当充足的理由，而把别人想得很坏。”一个人对他人的偏见越多，就越容易产生猜疑心理。我们应抛开陈腐偏见，不要过于相信自己的印象，不要以自己头脑里固有的标准去衡量他人、推断他人。要善于用自己的眼睛去看，用自己的耳朵去听，用自己的头脑去思考。必要时应调换位置，站在别人的立场上多想想。这样，我们就能舍弃“小人”而做君子。

6. 及时开诚布公

猜疑往往是彼此缺乏交流，人为设置心理障碍的结果，也可能是由于误会或有人搬弄是非造成的，因此一旦出现疑虑，与其自己去瞎猜，不如开诚布公地和对方谈一谈，这样才能消除疑云，彻底地解决问题。

暴躁的性格是发生不幸的导火索

一个人性格暴躁的最直接表现就是非常容易愤怒，因此，愤怒是一种很常见的情绪，特别是年轻人，比如，血气方刚的小伙子，他们往往三两句话不对，或为了一点芝麻绿豆大的事情就大打出手，造成十分严重的后果。

其实，愤怒是一种很正常的情绪，它本身不是什么问题，但如何表达愤怒则易出问题。有效地表达愤怒会提高我们的自尊感，使我们在自己的生存受到威胁的时候能勇敢地战斗。

脾气暴躁，经常发火，不仅是诱发心脏病的致病因素，而且会增加患其他疾病的可能性，它是一种典型的慢性自杀行为。为了确保自己的身心健康，必须学会控制自己，克服爱发脾气的坏毛病。

能否有效地控制生气和其他负面情绪，使自己更融于他人呢？这主要在于自己的修养和来自亲人及朋友的帮助与劝慰。实验证明，在行为方式有改善的人中，死亡率和心脏病复发率会大大下降。为了减少或控制发火的次数和强度，必须对自己进行意识控制。当愤愤不已的情绪即将爆发时，要有意识控制自己，提醒自己应当保持理性，还可进行自我暗示：“别发火，发火会伤身体。”有涵养的人一般能控制住自己的情绪。同时，及时了解自己的情绪，还可向他人求得帮助，使自己遇事能够有效地克制愤怒。只要有决心和信心，再加上他人对你的支持、配合与监督，你的目标一定会达到。

一般来说，性格暴躁的人都有如下的一些表现：

第一，情绪不稳定。他们往往容易激动。别人的一点友好的表示，他们就会将其视为知己；而话不投机，就会怒不可遏。

第二，多疑，不信任他人。暴躁的人往往很敏感，对别人无意识的动作，或轻微的失误，都看成是对他们极大的冒犯。

第三，自尊心脆弱，怕被否定，以愤怒作为保护自己的方式。有的人希望和别人交朋友，而别人让他失望了，他就给人家强烈的羞辱，以挽回自己的自尊心，这同时也就永远失去了和这个人亲近的机会。

第四，不安全感，怕失去。

第五，从小受娇惯，一贯任性，不受约束，随心所欲。

第六，以愤怒作为表达情感的方式。有的人从小父母的教育模式就是打骂，所以他也学会了将拳头作为表达情绪的唯一方式，甚至有时候，愤怒是他们表达爱的一种方式。

第七，将在别处受到的挫折和不满情绪发泄在无辜的人身上。应当说，脾气是一个人文化素养的体现。大凡有文化、有知识、有修养者，往往待人彬彬有礼，遇事深思熟虑，冷静处置，依法依规行事，是不会轻易动肝火的。而大发脾气者，大多是缺乏文化底蕴的人，他们似干柴般的思想修养，遇火便着，任凭自己的脾气脱缰奔驰，直至撞墙碰壁，头破血流，惹出事端。

所以，脾气暴躁的人应刻不容缓地提高自己的素质修养。

下面的八条措施将帮助你完成改变暴躁性格这一心理、生理转变过程，臻于性格的完善。

1. 承认自己存在的问题

请告诉你的配偶和亲朋好友，你承认自己以往爱发脾气，决心今后加以改进。要求他们对你支持、配合和督促，这样有利于你逐步达到目的。

2. 保持清醒

当愤愤不已的情绪在你脑海中翻腾时，要立刻提醒自己保持理智，你才能避免爆发愤怒的情绪，恢复清醒和理智。

3. 推己及人

把自己摆到别人的位置上，你也许就容易理解对方的观点与举动了。在大多数场合，一旦将心比心，你的满腔怒气就会烟消云散，至少觉得没有理由迁怒于人。

4. 诙谐自嘲

在那种很可能一触即发的危险关头，你还可以用自嘲从危机中解脱出来。“我怎么啦？像个3岁小孩，这么小肚鸡肠！”幽默是卸掉暴躁毛病的最好手段。

5. 训练信任

开始时不妨寻找信赖他人的机会。事实会证明，你不必设法控制任何东西，也会生活得很顺当。这种认识不就是一种意外收获吗？

6. 反应得体

受到残酷虐待时，任何正常的人都会怒火中烧。但是无论发生了什么事，都不可放肆地大骂出口。而该心平气和、不抱成见地让对方明白，他的言行错在哪儿，为何错了。这种办法给对方提供了一个机会，在其不受伤害的情况下改弦更张。

7. 贵在宽容

学会宽容，放弃怨恨和报复，随后你就会发现，愤怒的包袱已从双肩卸下来，这显然会帮助你避免错误的冲动。

8. 立即开始

爱发脾气的人常常说："我过去经常发火，自从得了心脏病，我认识到以前那些激怒我的理由，根本不值得大动肝火。"请不要等到患上心脏病才想到要克服爱发脾气的毛病吧，从今天开始修身养性不是更好吗？

一位哲人曾这样说："谁自诩为脾气暴躁，谁便承认了自己是一名言行粗野、不计后果者，亦是一名没有学识，缺乏修养之人。"细细品味，甚是有理，"腹有诗书气自华"。愿我们都能远离暴躁脾气，做一个有知识、有文化、有修养的人。

因此，能够自我控制是人与动物的最大区别之一。脾气虽与生俱来，但可以调控。多学习，用知识武装头脑，是调节脾气的最佳途径。知识丰富了，修养提高了，法纪观念增强了，脾气这匹烈马就会被紧紧地牵住，无法脱缰去招惹是非。甚至刚刚露头，即被"后果不良"的意识所制约，最终把上蹿的脾气压下，把不良后果消灭在萌芽状态。

第四章　从性格中发掘你的财富密码

没有人是天生的富翁

在这个世界上没有天生的富翁，即使你是富人的后代，但你不善持家或不再努力，而是去吃祖辈所留下的老本，那么，总有一天，你还会变回一个穷人。

天下还有许多赤贫者，使自己和家人一直生活在为生存忙碌的世界里。终日奔波，一刻也不得闲，但收获甚微。他们是别人眼里的穷人。穷人受穷总是有各种各样的理由，但有一条理由不要被忘记，那就是谁也没有理由贫穷，谁也不是生来就是富翁。

时代也给人们提供了过上好日子的良机。可以说现在是一个天高任鸟飞、海阔凭鱼跃的时代。千万富翁不是梦想，亿万富翁也不是神话。上帝青睐每一个想成为富人的人，只要你憎恨贫穷，只要你渴望富有，只要你脚踏实地，那么你就会成为富人。

富人都是由穷人变为富人的，这同时也是一个质的转变，这场转变应该是非常深刻的，它包含着的不仅仅是金钱的多少，更关键的是对穷与富的理解和认识。

不可否认，许多穷人一直为自己能够富有而努力着，他们渴望一夜暴富，更渴望用最小的努力换取最大的财富。于是他们参加各种各样的赌博，比如，赌球、买彩票、玩股票……

天上不会掉馅饼，即使是偶尔掉一次，也不会砸在穷人的头上。《福布斯》排行榜上的富人，没有一个是靠买彩票排上去的，也没有一个是靠投机富甲天下的。

一个富人，一个由赤贫者演变而来的富人，是什么事都做过的，包括穷人不屑一顾的，也包括穷人梦想做的事情。他是把这些事情都做成了，才成为富人的。

世界上就有这么一个人，曾经是赤贫者，通过不断地做事，认真地做事，成为受人瞩目的巨富。在他成为真正的富人的过程中，他没有动谁的奶酪，天上也没有掉一个馅饼砸到他，而是他亲手为自己做了一个巨大的奶酪。这个人就是在中国妇孺皆知的王永庆。

过去的王永庆是一个不折不扣的穷人。从赤穷到富甲一方的路上，他是走过来的，甚至可以说是爬过来的。王永庆不仅富甲天下，而且富得让人心服口服，这是让我们值得研究和学习的。从他的身上，穷人应该看到自己还缺什么，看出自己与富人还有多大的距离。

王永庆虽然教子严厉，但是儿女对他诚心佩服，因为他本身的言行就是儿女最好的楷模。

一个人的财富可以被剥夺，一个人的肉体可以被摧残，唯一不可战胜的就是一个人的意志、品质。作为一个真正的富人，王永庆送给后代的不是一辈子都花不完的财产，而是给他们铸就一种意志与精神。他知道，一个人只有拥有坚如磐石的意志、赴汤蹈火的气魄、滴水穿石的精神、宠辱不惊的心态，才能成为一位真正的富人。

所有白手起家的富人，都曾经穷过，有的还曾经穷得苦不堪言。可后来他们富了，富甲天下。仅凭这一点，穷人就应该有理由相信自己，只要努力奋斗，奋斗的方法和方向不错，到时候一定会有收获的，到时候自己也能成为富人。穷，不是我们成为富人之后炫耀的资本，而是我们前进的动力。靠别人可怜与施舍的人，是成不了真正的富人的，而且也不可能享受到创业的乐趣！

顽强与坚韧造就卓越的财富

美国前总统柯立芝在其晚年的人生回忆录中写道：“世界上没有一样东西可以取代顽强和坚韧。才能不可以——怀才不遇者比比皆是，一事无成的天才也到处可见；教育也不可以——世界上充斥着学而无用，学非所用的人；只有顽强和坚韧，才能无往而不胜。”

坚韧性指具备挫折忍耐力、压力忍受力、自我控制和意志力等；能够在艰苦的、不利的情况下，克服外部和自身的困难，坚持完成任务；在巨大的压力下坚持目标和自己的观点。

坚韧性表现为一种坚强的意志，一种对目标的坚持。“不以物喜，不以己悲”，无论遇到多大的困难，仍尽其所能地完成。相反，那些做事三心二意、缺乏韧性和毅力的人，没有人愿意信任和支持他，因为大家都知道他做事不可靠，随时都会面临失败，沦为穷人。但是，富人随时随地都坚持“自己拯救自己”的人生信条。因为，一个人要想成功，必须依靠自己的力量把自己变成坚韧者。人生本来就不会是很舒适的，人生能使懦弱的人变得刚强，也能使强硬的人变得柔顺。

富人都是以极大的忍耐力和意志忍受着困苦，在艰辛中一点点地向前迈进，跌倒了再爬起来，最终达到成功的顶峰。

通常，人们往往信任那些意志最坚定的人。意志坚定的人同样也会遇到困难，碰到障碍和挫折，但是即使他失败了，也不会因为一败涂地而一蹶不振。我们经常听到别人问这样的话：“那个人还在奋斗吗？”也就是说：“那个人对前途还没有绝望吗？”

永不屈服、百折不挠的精神是获得成功的基础。库雷博士说过：“许多青年人的失败都可以归咎于恒心的缺乏。”的确，大多数年轻人颇有才学，具备成就事业的种种能力，但他们的致命弱点是缺乏恒心、没有忍耐力。所以，终其一生，只能从事一些平庸的工作。他们往往一遭遇微不足道的困难与阻力，就立刻退缩，裹足不前，这样的人怎么可以担当重任呢？

因此，意志的刚柔相济、顽强进取，是一个富人意志良好的表现。所以，要想成为一个真正的富人，就一定要意志刚韧，在果断性、忍耐性和顽强性上磨炼自己是十分必要的。也正因为如此，穷人就更没有必要去放弃、去认命、去选择做穷人，创业固然难，但没有富人不是从艰难创业开始的。

穷人创业，开始时会有很大的付出，因为你做的事情并不是一个安稳的事情，没有保障，充满风险。你经常会遇到挫折，经常会失望，可能经常处于痛苦和沮丧之中。但这是一个充满刺激的过程，在这个过程中，你的能量得到最大限度的发挥，你会渐渐地变得顽强而坚韧。对白手起家的人来说，如果拥有第一个一百万花费了十年的时间，那么从一百万到一千万，也许只需要五年，再从一千万到一亿，只要三年就够了，说不定更短。这是因为你已经有了丰富的经验和启动资金，你的性格已经被苦难磨炼得异常顽强而坚韧。

富人成功以后最爱回忆的总是最初那段日子。想起打地铺，已经松垮的肌肉就会马上收紧；想起用洗脸盆盛回锅肉，马上就会口水四溢。因为那是最艰难的，但也是最值得骄傲的日子。

敢于冒险才能抓住更多的财富

没有人不想成为富有的人，也没有人不想拥有财富。但太多的人只是停留在“想”这个层面上，他们没有勇气去行动，因为他们害怕，他们害怕冒的风险太大，但是，他们不知道：不冒险怎么可能成为百万富翁？

如果你也想成为百万富翁，那你最好多一点冒险精神。在不确定的环境里，人的冒险精神是最稀有的资源。世上没有万无一失的成功之路，世界是变幻莫测、难以捉摸的。所以，要想在波涛汹涌的人生中自由遨游，就非得有冒险的勇气不可。甚至有人认为，成功的主要因素便是冒险，它是致富的重要心理条件。

在富人的眼中，生意本身对于经商者就是一种挑战，一种想战胜他人赢得胜利的挑战。所以，在生意场上，人人都应具有强烈的冒险意识。“一旦看准，就大胆行动”已成为许多商界成功人士的经验之谈。

电影界的骄子“华纳四兄弟”就是敢于冒险、不怕失败的强者。作为补锅匠的儿子，他们从小靠做生意起家。1904 年，兄弟合伙搞了一架电影放映机，从此开始与电影结缘。1912 年，移居美国之后，虽然几经失败，大起大落，但仍不灰心，1927 年终于成功地摄制了电影史上的第一部有声电影《爵士歌手》，华纳兄弟影片公司从此蜚声全球。商家的法则就是冒险越大，赚钱越多，特别是对于一个前人尚未涉足的市场领域，作为开拓者就更要冒风险。富人就是这样的冒险家，当然，称冒险家不时髦了，应该叫“风险管理者”。当机会来临时，他们会毫不犹豫。因为机不可失，时不再来，当一次风险管理者，说不定就会一鸣惊人！

其实，很多时候，挑战就意味着机遇，冒险则意味着机会，所谓“风险越高，机遇越大”，而且好的机遇常常藏在风险的背后，而往往一个很小的机会就能改写命运。抓住这个机会也许成功，也可能失败，成功与失败都不是可以预见的，动手去做就意味着冒险，而当失败与成功都不可把握时，就更意味着风险。那么，如果遇到这样的机会，我们该怎么办？我们要像世界上最能忍辱负重的民族——犹太人一样抵上身家性命，成与不成在此一搏。赢了，我们的人生就此改变；输了，也许是一败涂地，但同样也可以东山再起。

一般的人，面对风险往往会望而却步，甘愿放弃机会，而勇敢的犹太人就会知难而上，激流勇进。俗话说，“谋事在人，成事在天”，只要我们在充分认识了自己的能力和各方面状况的情况下，不盲目冒进，大胆地去尝试，就一定能够取得令我们满意的结果。

没错，“幸运喜欢光临勇敢的人”，冒险是表现在富人身上的一种勇气和魄力。险中有夷，危中有利，要想有丰硕的结果，就要敢冒风险。冒险与收获常常是结伴而行的，有成功的欲望，却不敢冒险，怎么能够实现伟大目标？

希望成功又怕担风险，往往就会在关键时刻失去良机，因为风险总是与机遇联系在一起的。可以说，风险有多大，成功的机会就有多大。由贫穷走向富裕需要的是把握机遇，而机遇是平等地铺展在人们面前的一条通道。不敢冒险的人常常会失掉一次次发财的机会。

理性的人拥有金钱的嗅觉

想要赚钱，就需要一定程度的直觉判断，也就是金钱的嗅觉。而这种嗅觉常常跟你的经营技巧无关。也许有人说：“这种想法是错误的。生意必须依照经营理论或经营心理学才算科学，合理的经营方法对生意是绝对有必要的。”这固然有道理，但直觉也相当重要，有时甚至起决定性作用。

面对激烈的社会竞争和经济竞争，没有金钱的嗅觉、缺乏赚钱的本领，是不会在激烈的经济竞争中取胜的。一般而言，金钱的嗅觉包括诸如心理、言语、交际等方面，是一种适于经济竞争和社会竞争的综合素质，并不限于精通一门技艺。而理性的人之所以能拥有金钱的嗅觉，是因为他们具有以下的一些特征和能力：

1. 兴趣产生动力

作为一个会赚钱的人，他首先必须具备的条件是对金钱的执着追求。对从事的事业有兴趣的人，才能在激烈的竞争中感受到无限的乐趣。同时，兴趣也是创意的根源，它会促使我们发现无穷的改善方法。对金钱没兴趣的人，绝对不能做经营者，就是做了，也不会成功。而且一个理性的人能对自己有一个理性的分析，知道自己的优势在哪里，兴趣在哪里，这样就不会盲目。

2. 理性的人懂得科学地理财

理财，一方面要胆大，另一方面要心细，这就是所谓的胆大心细。把握事物的轻重缓急，且具有敏锐的分析与处理能力，必能赚大钱。和金钱有关的事都有危险性存在。因此，如果你时时刻刻都战战兢兢的，那就不可能成功。同时，也需要你有极大的耐心来细心地处理与金钱相关的事情。

3. 理性的人讲究商业信誉

的确，每个人都希望有钱，这并没有错，但要获得钱财，必须有原则：不能违背人情义理和政策法规去牟取利益。在商海中奋斗，信用和商誉非常重要。而信用和商誉，必须经过长时间的努力才能获得。

4. 理性的人能在瞬间把握机会

在瞬息万变的商业社会里，学会把握时机、当机立断，比拖拖拉拉、一天开几次会议来得实际。与其把时间浪费在空谈上，不如看准机会，发挥决断的能力。如果过于慎重，反而会错失良机。虽然慎重是做生意的重要条件，但绝对不是成功的必要因素。

5. 理性的人拥有对数字的敏感性

熟悉数据，加强数字观念，是赚钱的根本素质。假如你有意于经营之道，那么平常就应熟悉数据，若临时抱佛脚，那就为时已晚。心算迅速，也可以促使你迅速地做出判断。

6. 理性的人懂得积累的重要

每个人都知道，小钱可以攒成大钱。但要真正实行，就有困难了，这需要持久的毅力和不变的决心。如果我们把每年收入的10%储蓄起来，不到几年就会达到一个可观的数字。请注意，即使当我们非常需要用钱的时候，也尽量不要动用储蓄的钱，这对于我们长期维持储蓄计划十分重要。

性格中多些和气有利于人缘和财缘

和气生财。这是一句古老而百试不爽的生意经。待人和气，如果用于经商，则可以受到合作伙伴及客户的欢迎，改善公司与合作伙伴及客户的关系。提高公司信誉，促进成交，扩大销售，增加盈利。待人客气，还能提高个人的信誉度，改善个人的人际关系，人缘好了，机会自然滚滚而来。

和气在实际中主要表现为微笑和礼貌用语两大方面。孔圣人曾说过："人之初，性本善。"因此，人与人之间的心灵是可以相通的，而和气地对待他人是打开人与人之间心门的一把钥匙。只要你在日常生活中处处做到对人和气，那么，你一定会财源丰满，旅馆大王康拉德·希尔顿就是一个和气生财的人。

美国"旅馆大王"希尔顿于1919年把父亲留给他的12000美元连同自己挣来的几千美元投资出去，开始了他雄心勃勃的经营旅馆生涯。当他的资产从1500美元奇迹般地增值到几千万美元的时候，他欣喜而自豪的把这一成就告诉母亲，想不到母亲却淡然地说："依我看，你跟以前根本没有什么两样。事实上你必须把握比5100万美元更值钱的东西：除了对顾客诚实之外，还要想办法使来希尔顿旅馆的人住过了还想再来住，你要想出这样一种简单、容易、不花本钱而行之久远的办法去吸引顾客，这样你的旅馆才有前途。”

母亲的忠告使希尔顿陷入迷惘：究竟什么办法才具备母亲指出的“简单、容易、不花本钱而行之久远”这四大条件呢？他冥思苦想，不得其解。于是他逛商店、串旅店，以自己作为一个顾客的亲身感受，得出了答案：用微笑和礼貌用语及身体语言来和气地对待顾客，哪怕是发生争执的时候，甚至可能是顾客错误的时候，都必须牢记“和气第一”的原则。

从此，希尔顿实行了微笑服务这一独创的和气经营策略。每天他对服务员的第一句话是“你对顾客微笑了没有？”他要求每个员工不论如何辛苦，都要对顾客投以微笑，即使在旅店业务受到经济萧条的严重影响的时候，他也经常提醒职工记住：“万万不可把我们心里的愁云摆在脸上，无论旅馆本身遭受的困难如何，希尔顿旅馆服务员脸上的微笑永远是属于旅客的阳光。”

因此，经济危机中幸存的20%旅馆中，只有希尔顿旅馆服务员的脸上带着微笑。结果，经济萧条刚过，希尔顿旅馆就率先进入新的繁荣时期，跨入了黄金时代。

美国《商业周刊》主编卢•扬大谈到企业管理中顾客问题时说：“大概最重要、最基本的经营管理原则乃是接近顾客，同顾客保持接触，从而满足他们今天的需要并预见他们明天的愿望。可是现在人们普遍忽视了这个基本前提。”美国的许多学者也通过对美国许多优秀公司的研究，总结出这样一句格言：优秀公司确实非常接近他们的顾客。企业如何接近顾客？微笑服务是法宝。

这也正好应了中国那句“和气生财”的古话。因此，让自己的性格中多一些和气将有利于人缘和财缘的建立，这对成功也是一种助推剂。

第五章　用好性格打造成功人际关系

与人交往保持适度的弹性

人们知道，松软、富有弹性的东西可以减轻或避免物体之间的碰撞或挤压。人际交往也是同样的道理。交际如果带上了一定的“弹性”，就可以缓和彼此的矛盾，消除相互之间的误会，还给自己留下了慎重考虑、再做选择的余地，从而更好地达到交际的目的。

1. 和初次接触的人交往

因为是初交，彼此不怎么了解，心灵尚未沟通，如果过急地亲密，则很容易让人产生交际动机不纯或交际态度轻薄的看法。

生活中有许多人和别人打交道时总是“见面熟”，此做法使人大惑不解，其真诚程度往往大大地打了折扣。相反，如果在初次交往时过于冷淡，又易使人产生你目中无人或深不可测、老谋深算的感觉，使人望而生畏。一般来讲，许多人不愿与过于“老成”的人交往，因为和这类人交往总得带着戒备的心理，以防被对方捉弄。所以，在初次与别人交往时，应通过逐步的接触，视了解的程度和可不可交的情况来确定交往的深度和关系的疏密。当然，因过于谨慎、冷漠而失去交友的良机，也是让人遗憾的事情。在初次交往时最聪明的做法是让你的交往带上“弹性”，有自由伸缩的余地，这样既能把握住良机，又能慎重、充裕地来进行交往。

2. 和有隔阂的人交往

人与人之间总是难免存在着隔阂，一旦隔阂产生，在之后的交往中必然会带有一定的戒备心理。

所以，和与自己有隔阂的人交往时，既主动接近，又要保持适当的距离；既“察言观色”，掌握对方心理，又不过于敏感，捕风捉影，胡猜乱疑。一切都应处理得从容不迫，富有“弹性”，留有余地，随着交往的增多，彼此重新认识并意识到过去的误解或认识上的差异，那么，双方的隔阂或矛盾就会自然消除。

3. 在一些特定场合下的交往

有些场合的交往也需要讲究点弹性，比如，在公关活动中，在商业、外交谈判中。这些特殊的交往如果不讲究“弹性”策略，就会操之过急或失之偏颇。一般来讲，在公关活动中，双方既是竞争对手，又是合作伙伴；既可能是敌人，也可能是朋友。在这种情况下的交往，就是要在双方既矛盾又统一的状态中，寻找双方都需要和乐于接受的东西。这就需要“弹性”策略，既把关系处理得松紧适度，易于回旋，又能保证不增加矛盾冲突，便于进一步增进联络、加强合作。

4. 在特定情形下的交往

人们进行交往总离不开语言，有些特定语境使人们在言语交际中不可把话说得太肯定、太绝对，而应该灵活多变，可上可下，可宽可窄，可进可退，这也需要在言语交际中带上一定的“弹性”。

切莫清高孤傲

一个清高而孤傲的人往往把自己抬得太高而将别人看得很低，这样，他们总是以一副高高在上、盛气凌人的架势去对待别人，势必会引起别人的反感。这种人在社交中很难交到朋友，而且容易孤立自己，拒他人于千里之外，久而久之则会形成社交障碍，成为一个不为人们喜欢的人。

中国的传统文化素来鄙视傲慢，崇尚平等待人。一般来说，知识越多，学问越广的人就会越谦虚；文化越低，气量越小的人就会越傲慢。被奉为千古宗师的孔子说过这样的话：不要强不知以为知，要知之为知之，不知为不知。莫忘三人行必有我师。谦逊的态度会使人感到亲切；傲慢的态度会使人感到难堪。

相传南宋时江西有一名士傲慢至极，凡人不理。一次他提出要与大诗人杨万里会一会。杨万里谦和地表示欢迎，并提出希望带一点江西的名产配盐幽菽来。名士见到杨万里后开口就说："请先生原谅，我读书人实在不知配盐幽菽是什么乡间之物，无法带来。"杨万里则不慌不忙地从书架上拿下一本《韵略》，翻开当中一页递给名士，只见书上写着"豉，配盐幽菽也"。原来杨万里让他带的就是家庭日常食用的豆豉啊！此时名士面红耳赤，方恨自己读书太少，后悔自己为人不该如此傲慢。

要做到不傲慢需要注意做到如下两点：一是认识自己；二是平等待人。防止傲慢首先要认识自己。一个人要正确认识自己是很不容易的。傲慢的人要么自以为有知识而清高，要么自以为有本事而自大，要么自以为有钱财而不可一世，要么自以为有权势而压人。殊不知，山外有山，楼外有楼，还有能人在前头。人贵有自知之明，古今中外成大事业者，都是虚怀若谷，好学不倦，从不傲慢的人。宋代文学家欧阳修，其晚年的文学造诣可以说是达到了炉火纯青的地步，但他从不恃才傲物，仍一遍遍修改自己的文章。他的夫人怕他累坏了身体，劝他说："何必这样自讨苦吃？又不是小学儿，难道还怕先生生气吗？"欧阳修回答说："不是怕先生生气，而是怕后生笑话！"虚心自知，才是医治傲慢的一剂良方。

与人交往一定要做到平等待人。平等待人不仅是文明礼貌的行为，也是人品修养的天平。平等待人是针对傲慢无理而言的。它要求人们在社会交往中，不管彼此之间的社会地位和生活条件有多大的差别，都要一视同仁。待人切忌“势利眼”。古人言“不谄上而慢下，不厌故而敬新”，就是告诉我们待人时不应用卑贱的态度去巴结逢迎有权势、有钱财的人，而怠慢经济条件较差、社会地位不高的人。人本无高低贵贱之分，每个人都有自己的人格，人格作为人的一种意识和心理深深地附着在人的身上。维护人格的基本要求是不受歧视，不被侮辱，即要求平等。

如果你不愿遭到别人的反感、疏远，那你要在做人上多个“心眼”，切勿傲慢和过分强调自我，要注意加强品德修养，谨防傲慢，那你的人际关系就会变得很和谐，你的生活会更加幸福和愉快。

因此，在别人面前，我们不可清高孤傲、不可一世，一定要懂得去平等地对待我们身边的每一个人。对别人尊重也是对自己尊重，要记住：我们期待别人怎样对待我们，那么，我们也要去那样对待别人。

逆耳忠言与美丽谎言

人际关系其实可以说是人世间最脆弱的东西，这或许是因为它建立在脆弱的人性基础之上吧。在办公室中，与大家和谐相处，也是搞好人际关系的重要一环。能做到与同事关系融洽，有利于消除刚到一个新的环境中所产生的不适应感和孤独感。因为大家都有着相对更接近的情感和对事物的看法，往往更容易找到共同的话题。与同事相处，也不能太随便，一定要有章法。

善于接纳别人的良言以及利用善意谎言的艺术，其与共同的目的都是在办公室竞争中处理矛盾，防范陷阱，以利于自身发展。

在办公室与同事相处，对年长、资深的人要客气、尊重。这种尊重应当把握好“度”，毕竟他不是上司。工作中不懂的事要虚心向前辈请教，学习他们的经验。虚心请教还可以树立起你好学的良好形象，有利于在同事间建立较好的人际关系。

和他们沟通，听听他们的金玉良言，对你的好处往往是多方面的。即使他们的观点和做法与你的理解有偏差，仍会对你有借鉴作用。这种情况下，你最好不要辩论、驳斥他。一旦伤了对方的自尊，就不利于日后合作了。把他的观点和你的想法进行比较，综合分析后做出的决定可能会更加完美一些。

若你发现领导或上司的错误并想指出或给出自己的建议，虽然你是出于好心，但要注意方式，不要让你的忠言逆耳，应该用非常委婉的方式来指出领导的错误，使你的忠言听起来更加顺耳，而不是逆耳，这样才能让领导接受。忠言固然是好的，但它未必一定要逆耳，有的时候我们让它变得顺耳将会收到意想不到的效果。

有时使用善意的谎言，也是一种不错的交际方式。当然，这种谎言尽管是善意的，但绝对不是交际的主要手段。它只是一种不得已而为之的最后手段，而且还要符合道德规范。不应以欺骗为目的来制造谎言，而应当顾及他人的感受。

通常情况下，当你的利益被他人侵犯，无法得到维护时，不妨计划一个小小的“阴谋”，编造谎言来震慑或哄骗他，使自己的正当利益得到维护，挽回损失。

在人际交往中，实话实说往往会得罪别人，而生活中的恭维和奉承话，虽然许多都是虚伪和带欺骗性的，但是可以使人高兴，如果你说实话，就会招致别人的臭骂。有一个富人给自己晚年生的独子过生日，很多亲戚朋友都来庆贺，每个人见面都祝福富人的儿子长命百岁。富人很开心，热情地接待他们。这时来了一个人，见面却没说祝福长命百岁之类的话，而是说了一句实话：“你儿子会死的……”于是他当场被富人叫仆人赶出去了。因此，应该针对当时的具体情况，选择最佳的方式来表达自己的实话，这就不妨试一试善意的谎言。

在工作中，假如你的一位朋友因事业受到挫折或精神受到打击，内心痛苦不堪、悲伤不已时，正面的安慰可能更会加深他的伤痛。这种情况下，你可以编造一些谎言，帮助他摆脱痛苦，重新振作起来。

另外，在生活中难免会遇到一些尴尬的局面，如果实话实说，势必造成对方的难堪，影响气氛。假如能够根据情况，迅速反映说出几句谎话，反倒效果会更好。

现实中许多地方可以运用谎言来掩饰，只要使用恰当，必定能使你的社交活动大放异彩，步步成功。但同时，我们也一定要注意凡事都有个度，即使是善意的谎言也要有一定的标准，要用得恰到好处。

改变在人际交往方面的消极态度

拥有丰富多彩的人际关系是每一个现代人的需要。可是，现实生活中，很多人的这种需要都没有得到满足。他们总是慨叹世界上缺少真情，缺少帮助，缺少爱，那种强烈的孤独感困扰着他们，折磨着他们。其实，很多人之所以缺少朋友，仅仅是因为他们在人际交往中总是采取消极的、被动的退缩方式，总是期待友谊从天而降。这样，虽然他们生活在一个人来人往的工作场所，却仍然无法摆脱心灵上的孤寂。这些人，只做交往的响应者，不做交往的始动者。

要知道，别的同事是没有理由对我们感兴趣的。因此，如果想赢得别人的友情，与别人建立良好的人际关系，摆脱孤独的折磨，就必须主动交往。而主动交往首先要对建立良好的人际关系抱有较好的态度，这样才能迈出人际交往的第一步。但遗憾的是很多人就是在这一点上出了问题。出于很多种原因，他们总是对人际交往采取一种十分消极的态度，有排斥、恐惧、厌烦的心理，进而远离人群，将自己封闭在个人世界里。

心理学家研究发现，有两点原因影响人们不能主动交往，而采取被动退缩的交往方式：

一方面是生怕自己的主动交往不会引起别人的积极响应，从而使自己陷入窘迫、尴尬的境地，进而伤及自己脆弱的自尊心。而实际上，在现实生活中，每一个人都有交往的需要，因此，我们主动而别人不采取响应的情况是极其少见的。试想，如果别人主动对你打招呼，你会采取拒绝的态度吗？比如，生活中会有这样一种非常有趣的现象：在硬座火车上，坐在一个“隔间”里面有六个人，如果这六个人里面至少有一个是主动交往的人，那么他们总是谈得热火朝天，一路上充满欢声笑语；如果这六个人没有一个人主动和别人交往，那么，从起点坐到终点，他们会始终处于无聊的气氛中，看书也没劲，对望又很尴尬，所以干脆闭上眼睛养神。与其尴尬地面面相觑，还不如主动打招呼，换得一路不寂寞，不是很好吗？当你尝试着主动和别人打招呼、攀谈时，你会发现，人际交往是如此容易。

另一方面，人们心里对主动交往有很多误解。比如，有的人会认为“先同别人打招呼，显得自己低贱”，“我这样麻烦别人，人家肯定会烦的”，“我又没有和他打过交道，他怎么会帮我的忙呢？”，等等。其实，这些都是害人不浅的误解，没有任何可靠的证据能证明其正确性。但是，这些观念实实在在地起着作用，阻碍了人们在交往中采取主动的方式，从而失去了很多结识别人、发展友谊的机会。

当你因为某种担心而不敢主动同别人交往时，最好去实践一下，用事实去证明你的担心是多余的。不断地尝试，会积累你成功的经验，增强你的自信心，使你在工作场合的人际关系状况越来越好。

其实，社交对一个人建立良好的人际关系是非常重要的第一步，因此，克服社交的消极心理是极为重要的。那么，就从现在开始克服社交的消极心理，建立和谐的人际关系吧！

第一，列出一张人名表。表上记载着同你所希望接触的社会领域有联系的人，在需要的时候去挑选能够助你一臂之力的人。

第二，为了建立关系网，你应该善于把自己同别人联系起来。你可以通过公司的同行或者是合作伙伴，建立更广的人际圈。

第三，让更多的人了解你。不论你想向哪一个方面发展，最重要的是使决定你命运的人了解你。如果你从早到晚只是埋头待在办公室，那么你根本无法实现你的目标。

第四，显得更忙碌些。今后你不论到哪里都带上点东西，文件、表格、书等。让其他人都注意到你的忙碌，因为这足以表现出你的抱负和进取心，更容易获得他人的信任和帮助。

第五，找机会与高层领导接触。尽量错开公司内部的邮件来往，把需要报送的材料亲自送去。这样做有两个好处：一是提升了自己在别的部门的知名度，最终把自己同其他的同事联系起来，建立自己的信息渠道；二是你将有更多机会接触到高层领导。

第六，把自己同组织、团体联系起来。记住，你现在的工作不是你非要干一生的岗位，今后你还会有更理想更适合自己的岗位。因此你应该把自己同本行业或者相关行业的组织联系起来，树立自己在其中的人缘，这将对你换工作大有益处。

其实，上面说了这么多无非想让我们知道与人打道，进行人际交往是件很简单的事，并没有我们想象中的那样可怕。只要我们敢于打开我们的心扉，用一种积极的心态来参与人际交往，主动地与别人建立良好的人际关系，就一定能够在短时间内建立起良好的人际关系。

不要再犹豫了，也不要再被内心消极的社交态度所左右了，从现在开始，彻底摆脱和改变内心的消极态度，以积极的态度开始你的人际关系吧！

难得糊涂，在豁达中寻宁静

中国自古就有“大智若愚”“傻人傻福”一说，其意思是在该糊涂的事上糊涂，在不该糊涂的事上坚决不能糊涂。其实，真正的糊涂并非是不明是非、不辨真理，而是洞察世事，一切大彻大悟后的一种宁静与置之不闻，同时也是一种不去计较、从容的生活态度。一个真正懂得糊涂的人在生活中更能站在生活之外观察生活，因为不计较得失更容易过得快乐。因此，一个人若在为人处世上也“难得糊涂”，他一定会在以下方面受益。

1. 避免矛盾和纷争

生活中总是不可避免地存在着这样或那样的各种各样的矛盾和纷争，而这些矛盾和纷争又往往是由一些生活中的小事所引起的，如果我们采取难得糊涂的态度，睁一只眼闭一只眼，很容易小事化了。如果你一点都不糊涂，一是一，二是二，矛盾、纷争甚至流血牺牲都有可能发生。

生活中有很多精明的人总是喜欢揪别人的辫子，抓别人的缺点，以为这样做就会显示自己比他人高明，实际上这种语言、行为上的丝毫不糊涂是造成两个人关系疏远、分道扬镳，甚至成为仇敌的根本原因。因此，糊涂一点对于一个人而言没有什么不好，在该糊涂的地方糊涂也是人生至高的一种智慧。

2. 可以使自己心态平和

与人交往、处世的关键是使自己心情愉快，但在现实人际交往中，似乎我们很难做到，我们的心情总是受到人际关系的牵制。心态平和是心情愉快的前提，难得糊涂就可以使一个人心态平和。

如果你是一个牙尖嘴利、眼尖手快的人，你必然会发现一些别人注意不到的东西，如果你一笑置之，不加追究，不久你就会忘掉这些东西，而一旦你觉得自己无法不指出来，非要给他人一个昭示，弄得他人满心不快活，恐怕你自己的心也难以平静下来。因此，与其让自己陷入其中难以自拔，那远不如糊涂一点，不去追究那么多，让自己活得更加轻松　点。

3. 于己方便

人常说：“给人方便，于己方便。”难得糊涂无非就是给人方便，人也就会给你方便。两个过于精明的人就像两只正在酣战的公鸡一样，非要分出个你胜我败来，这于健康的身心是没有什么益处的。

如果你是一个处处不糊涂的人，总是圆睁双眼，提高警惕地生活，那你累不累呀？你有没有身心疲惫的时候？你何不像一个大智若愚的人那样难得糊涂一下？

（1）要做到难得糊涂，一个人就应具备宽容的美德。有了宽容心，你完全可以对那些鸡毛蒜皮的小事付诸一笑，你完全可以对并不重要的事糊涂一下，你完全可以对无关紧要的事网开一面。

如果你这样做了，你会处于一个快乐的心境之中，正如人们常说的：“原谅使人快活。”

（2）像宋代的吕端一样“小事糊涂，大事不糊涂”。要分清什么是大事，什么是小事。如果你是一个法官，对于贪污腐败、行贿受贿之类的事绝对不能糊涂；而对同事把你一盒烟拿了、不小心碰了你一下这种小事完全可以糊涂一下。

（3）别成为一个过于精明的人。过于精明的人常好为人师，指手画脚，求全责备，对人苛刻，眼睛里容不得半点不合意之处。这种精明人为了显示其精明之处，常常是横挑鼻子竖挑眼，从来都难得糊涂一下的，这种人属于招人厌的那一类。

中篇

养成好习惯，拿下人生决胜局

第一章　好习惯是转变命运的法则

习惯是一股无法阻挡的力量

贫穷是一种习惯，富有也是一种习惯；失败是一种习惯，成功也是一种习惯。

狗家族出了一条很有志气和抱负的小狗，它向整个家族宣布：要去横穿大沙漠，所有的狗都跑来向它表示祝贺。在一片欢呼声中，这只小狗带足了食物、水，然后上路了。3天后，突然传来了小狗不幸牺牲的消息。

是什么原因使这只很有理想的小狗牺牲了呢？检查食物，还有很多。水不足吗？也不是，水壶里还有水。后来，经过研究终于发现了小狗牺牲的秘密——小狗是被尿憋死的。之所以被尿憋死是因为狗有一个习惯——一定要在树干旁撒尿。由于大沙漠中没有树，也没有电线杆，所以可怜的小狗一直憋了3天，终于被憋死了。

狗是如此，人呢？

狗是习惯的产物，同样人也是习惯的产物，习惯中的高级动物。

一个人的行为方式、生活习惯是多年养成的。比如，与人交往的形式、与人沟通的方式、与人相处的模式……都是多年习惯累积形成的。孔子在《论语》中提到：“性相近，习相远也。”“少小若无性，习惯成自然。”意思是说，人的本性是很接近的，但由于习惯不同便相去甚远。小时候培养的品格好像是天生就有的，长期养成的习惯好像完全出于自然。

习惯也称为惯性，是宇宙共同法则，具有无法阻挡的力量。“冬天来了，春天还会远吗？”这就是无法阻挡的自然力量；苹果离开树枝必然往下掉，同样是具有无法阻挡的地球引力。

没有惯性就没有力量，例如，静止的火车，要防止其滑行只需要在每个滑轮前面放一块 1 寸厚的木头就行了，但如果火车以每小时 100 公里的速度行驶的话，哪怕是一堵 5 尺厚的钢筋水泥墙也无法阻挡，可见惯性的力量多么巨大！

如果我们对“习惯”下一个定义，所谓的“习惯”，就是人和动物对于某种刺激的“固定性反应”，是相同的场合和反应反复出现的结果。所以，如果一个人反复练习饭前洗手的话，那么这个行为就会融合到他更为广泛的行为中去，成为“爱清洁”的习惯。

习惯是某种刺激反复出现，个体对其做出固定性反应，久而久之，形成了类似于条件反射的某种规律性活动。它包括生理和心理两方面，即能够直接观察及测量的外显活动和间接推知的内在心路历程——意识及潜意识历程。而且，心理上的习惯，即思维定势一旦形成，就更具持久性和稳定性，在更广泛的基础上，就成了性格特征。

好习惯成就人生，坏习惯摧毁人生

有一个猎人，他在一次打猎中捡回一只老鹰蛋，回到家里，他把老鹰蛋和母鸡正在孵的鸡蛋放在一起。

没过多久，小鹰和小鸡一起出世了。在母鸡的照顾下，小鹰很开心地和小鸡们生活在一起。

小鹰当然不知道自己是一只鹰，它和小鸡们一样学习鸡的各种生存本领。母鸡也不知道它是一只鹰，母鸡按照教育其他小鸡的方式教育小鹰，这只小鹰也一直按照鸡的习惯生活。

在它们生活的地方，不时有老鹰从空中飞过。每当老鹰飞过时，小鹰就说："在天空飞翔多好啊，有一天我也要那样飞起来。"

听它这么说，母鸡每次都要提醒它："别做梦了，你只是一只小鸡！"

其他小鸡也一起附和："你只是一只鸡，你不可能飞那么高！"

被提醒的次数多了，小鹰终于相信它永远不可能飞那么高。小鹰再看到老鹰飞过时，它便主动提醒自己："我是一只小鸡，我不可能飞那么高。"

就这样，这只鹰到死的那一天，也没有飞翔过——虽然，它拥有翱翔蓝天的翅膀和体格。

可见，习惯虽小，却影响深远。你可以遍数名载史册的成功人士，哪一个人没有几个可圈可点的习惯在影响着他们的人生轨迹呢？当然，习惯人人都有，我们的惰性和惯性会使自己不止一次地重复某些事情，而经常反复地做也就成了习惯，比如爱笑的习惯、吝啬的习惯，甚至于饭前洗手的习惯，等等。习惯有大有小，有好有坏，林林总总。

习惯决定命运，这里面隐藏着人类本能的秘诀。

看看我们自己，看看芸芸众生，好习惯造就了多少辉煌成果，而坏习惯又毁掉了多少人的美好人生！习惯在很大程度上决定着我们的思维方式和行为方式。日常的生活本身就是习惯的反复应用，而一旦遇上突发事件，根深蒂固的习惯更是一马当先地冲到最前面，所以，当我们的命运面临抉择时，是习惯帮我们做的决定。

事物总是一分为二，凡事都有其两面性。习惯也是一样，有正面就有负面。正面的是好习惯，好习惯有助于我们的成功；而负面的是坏习惯，坏习惯则导致我们的失败。

例如，礼貌是一种好习惯，走到哪里都能够彬彬有礼、以礼相待的人一定会深受欢迎，拥有这种习惯的人则更容易成功。相反，失礼就是一种坏习惯。

微笑是一种习惯，可以预先消除许多不必要的怨气，化解许多不必要的争执，而老是板着面孔的人走到哪里都会制造紧张气氛。

所以说，习惯决定命运。习惯是通往成功最实际的保证，习惯也是通向失败最直接的道路。

好习惯都是塑造出来的

习惯是由重复制造出来，并根据自然法则养成的。

美国学者特尔曼从 1928 年起对 1500 名儿童进行了长期的追踪研究，发现这些“天才”儿童平均年龄为 7 岁，平均智商为 130。成年之后，又对其中最有成就的 20%和没有什么成就的 20%的人进行分析比较，结果发现，他们成年后之所以产生明显差异，其主要原因就是前者有良好的学习习惯、强烈的进取精神和顽强的毅力，而后者则甚为缺乏。

习惯是经过重复或练习而巩固下来的思维模式和行为方式，例如，人们长期养成的学习习惯、生活习惯、工作习惯等。常言道：“习惯养得好，终身受其益。”“少小若无性，习惯成自然。”习惯是由重复制造出来，并根据自然法则养成的。

孩子从小养成良好的习惯，能促进他们的生长发育，更好地获取知识，提高智力。良好的学习习惯能提高孩子的活动效率，保证学习任务的顺利完成。从这个意义上说，它是孩子今后事业成功的首要条件。

但是习惯是从哪里来的呢？

习惯是自己培养起来的。当你不断地重复一件事情，最后就有了应该和不应该，开始形成了所谓的真理，但是你还有更多的事情没有接触到。

习惯应该是你帮助自己的工具，你需要利用自己的习惯来更好地生活，如果哪个习惯阻碍了你实现这样的目标，那么就该抛弃这样的坏习惯。

下面就是你可以用来培养你所希望获得的良好习惯的过程与规则：

第一，在培养一个新习惯之初，把力量和热忱注入你的感情之中。对于你所想的，要有深刻的感受。记住：你正在采取建造新的心灵道路的最初几个步骤。万事开头难，一开始，你就要尽可能地使这条道路既干净又清楚，那么下一次你想要再次走上这条小径时，就可以很轻易地找到这条道路。

第二，把你的注意力集中在新道路的修建工作上，使你的意识不再去注意旧的道路，以免你又想走上旧的道路。不要再去想旧路上的事情，把它们全部忘掉，你只要考虑新建的道路就可以了。

第三，可能的话，要尽量在你新建的道路上行走。你要自己制造机会来走上这条新路，不要等机会自动出现在你眼前。你在新路上行走的次数越多，它们就能越快被踏平，更有利于行走。一开始，你就要制订一些计划，准备走上新的习惯道路。

第四，过去已经走过的道路比较好走，因此，你一定要抗拒走上这些旧路的诱惑。你抵抗一次这种诱惑，就会变得更为坚强，下次也就更容易抗拒这种诱惑。但是，你向这种诱惑屈服一次，就会更容易在下一次屈服，相对的，在以后将更难以抗拒诱惑。你将在一开始就面临一次战斗，这是重要时刻，你必须在一开始就证明你的决心、毅力与意志力。

第五，要确信你已找出正确的途径，把它当作是你的明确目标，然后毫无畏惧地前进，不要使自己产生怀疑。“着手进行你的工作，不要往后看。”选定你的目标，然后修建一条又好、又宽、又深的道路，直接通向这个目标。

你已经注意到了，习惯与自我暗示之间存在着很密切的关系。根据习惯而一再以相同的态度重复进行一项行为，我们将会自动地或不知不觉地进行这项行为。例如，在弹奏钢琴时，钢琴家可以一面弹奏他所熟悉的一段曲子，一面在脑中想着其他的事情。

“自我暗示”是我们用来挖掘心理道路的工具，“专心”就是握住这个工具的手，而“习惯”则是这条心理道路的路线图或蓝图。要想把某种想法或欲望，转变成为行动或事实，必须忠实而固执地将它保存在意识之中，一直等到习惯将它变成永久性的记忆为止。

自控力是形成习惯的关键

记得一个教育家说过，通往成功的秘诀在于懂得如何去控制自己，如果懂得如何控制自己，那他便是一个最成功的自我教育者。控制自己的能力就是自控力。自控力是指一个人在意志行动中善于控制自己的情绪，约束自己的言行。它对人走向成功起着十分重要的作用。

有这样一个寓言：

有人在路旁摆了个盛满甜酒的酒樽，并放了些酒杯。一群猩猩见了，就知道人类的用意。可是熬了不一会儿，一只猩猩说："这么香甜的酒，何不少尝一点！"于是，各自战战兢兢地喝了一小杯。喝罢，相互嘱托说："可千万不要再喝了！"谁知，一阵酒香随风扑来，猩猩们个个垂涎三尺，又都喝了一杯。最后"不胜其唇吻之甜"，忘乎所以，竞相端起大酒樽狂饮起来，结果一个个酩酊大醉，一并为人所擒。

我们每个人都无法避免人性的弱点，会因一时的贪图享乐而缺少控制力。贪图享乐是一种可怕的精神腐蚀，会使我们整天无精打采，生活颓废。不要因一时的安逸，而蹉跎岁月，更不能养成放纵的习惯。

第一位成功征服珠穆朗玛峰的新西兰人埃德蒙·希拉里在被问起是如何征服这座世界最高峰时，他回答道："我真正征服的不是一座山，而是我自己。"这种优秀的品质就叫作意志力、自控力或克己自律，实际上，你也完全可以从每天去做一些并不喜欢的或原本认为做不到的事情开始，培养自己更强的意志力、自控力等。

青少年要知道，只有通过实践锻炼，才能够真正获得自控力，也只有依靠惯性和反复地自我控制训练，我们的神经才有可能得到完全的控制。从反复努力和反复训练意志的角度上来说，自控力的培养在很大程度上就是一种习惯的形成。

比如跑步，每天早上慢跑 5 公里。不论严寒酷暑，刮风下雨，都要坚持。早上，在床上的每一分钟都是如此让人眷念，特别是冬天，我们在赖在被窝里和起床之间做着激烈的思想斗争，而且长跑又艰苦又乏味，还会让人腰酸背痛，是一件名副其实的苦差事，很多人可能就坚持不下来。但马克·吐温说：“如果你每天去做一点自己心里并不愿意做的事情，这样，你便不会为那些真正需要你完成的义务而感到痛苦，这就是养成自觉习惯的黄金定律。”只要你坚持，随着身体状况慢慢变好，跑步逐渐变得轻松起来，跑步这份苦差事似乎不再那么恐怖了，尽管早起仍然有点儿费劲，但似乎可以克服。随后会变得越来越容易，越来越自然，到最后清晨跑步成了一个习惯，成了日常行为的一部分。不用强迫自己，每天的晨跑成了自然而然的习惯。这样通过每天跑步的“磨炼”，使你的自律能力、决心、意志、承诺、效率、自信、自尊都得到锻炼和提高。

培养好习惯应从点滴做起

喜欢篮球的人，没有不知道科比这个人物的。他之所以球打得很好，除了天分外，更多的是因为他在优秀教练的正确指导下刻苦练习。曾有报道，他每天要练习投篮500个，这个练习不仅锻炼了他的球感，更是坚定了他成为球星的步伐，也成就了他现在的辉煌。

我们都知道达·芬奇学画画的故事：

达·芬奇14岁那年，到佛罗伦斯拜著名艺术家韦罗基奥为师。韦罗基奥是位很严格的老师，他给达·芬奇上的第一堂课就是画鸡蛋。开始时，达·芬奇画得很有兴致，可是以后第二课，第三课，……老师还是让他画鸡蛋，这使达·芬奇想不通了，小小的鸡蛋，有什么好画的？有一次，达·芬奇问老师：“为什么老是让我画鸡蛋？”老师告诉他：“鸡蛋，虽然普通，但天下没有两个绝对一样的，即使是同一个鸡蛋，角度不同，投来的光线不同，画出来也不一样，画鸡蛋是基本功。基本功要练到画笔能圆熟地听从大脑的指挥，得心应手，才算功夫到家。”

听了老师的话，达·芬奇很受启发。他每天拿着鸡蛋，一丝不苟地照着画。一年，二年，三年……他画鸡蛋用的草纸堆了很高，他的艺术水平也在不断提高。

一次，他随老师到希莫尼湖写生，为一间教堂绘画一幅名叫《基督的洗礼》的油画。到了希莫尼湖，老师突然病倒了，没有办法，只好让达·芬奇代为完成油画剩下的部分。当油画全部完成后，教堂的人看到这幅画，不禁赞叹说：“好极了！这幅画画得实在太好了，尤其是这一部分。”教堂的人用手指指着画的左下角，而这一部分正是达·芬奇代画的。无疑，他的艺术水平已经超过了老师，成了伟大的艺术家。

梅花香自苦寒来，要想养成一种好的习惯，就要有科比这种每天练习500次投篮的行动，就要有达·芬奇画蛋的坚持，就要懂得从点滴做起，舍得下一番苦功夫。

不积跬步，无以至千里；不积小流，无以成江海。今天的习惯决定明天的我们。让我们从自身做起，从点滴做起，从现在做起，养成一个个好习惯吧！

第二章　注重时间管理，你将终生受益

一定要重视时间的价值

“你珍惜生命吗？那么就请珍惜时间吧，因为生命是由时间累积起来的。”

“别忘了，时间就是金钱。假设一个人一天的工资是 10 个先令，可是他玩了半天或躺在床上睡了半天觉，他自己觉得在床上只花 36 个便士而已。错误！他已经失去了他本应该得到的 5 个先令……千万别忘了，就金钱的本质来说，一定是可以增值的。钱能变成更多的钱，并且它的下一代也会有很多的子孙。”

“假如一个人杀死一头能下仔的母猪，也就是毁灭了它所有的后代，甚至它的子子孙孙。假如谁消灭了 5 个先令的金钱，那样就等于消灭了它所有能产生的价值。换句话说，可能毁掉了一座金山。”

这段话是美国著名的思想家本杰明·富兰克林的一段经典名言，它简单直接地告诉了人们这样一个道理：假如你想成功，必须认识到时间的价值。

事实上，那些做事高效的人，都十分注重时间的价值。他们不会把大量的时间花费在没有价值的事情上。例如，接待客户是很多人经常要做的工作，同时也是一件十分消耗时间的事情。一个善于利用时间的人总是能判断自己面对的顾客在生意上的价值，如果对方有很多不必要的废话，他们都会想出一个收场的办法。罗斯福总统就是这样做的一个典范。当一个分别很久，只求见上一面的客人来拜访他时，罗斯福总是在热情地握手寒暄之后，便很遗憾地说他还有许多别的客人要见。这样一来，他的客人就会很简洁地道明来意，然后告辞而去。

一位公司经理拥有待客谦恭有礼的美名，他每次与来客把事情谈妥后，便很有礼貌地站起来，与他的客人握手道歉，遗憾地说自己不能有更多的时间再多谈一会儿。那些客人都很理解他，对他的诚恳态度也都非常满意，所以，就不会想到他竟然连多谈一会儿都不肯赏脸。

以沉默寡言和办事迅速、敏捷而著称的成功者都是实力雄厚、深谋远虑、目光敏锐的人，他们说出来的话，句句都很准确、到位，都有一定的目的，他们从来不愿意浪费自己的宝贵资本——时间。

商人最可贵的本领之一就是与任何人交往都能简捷迅速，这是一般成功者都具有的通行证。在美国现代企业界里，与人接洽生意能以最少时间产生最大效率的人，非金融大王摩根莫属。为了珍惜时间他招致了许多怨恨，但其实人人都应该把摩根作为典范，因为人人都应具有这种珍惜时间的美德。

摩根每天上午9点30分准时进入办公室，下午5点回家。有人对摩根的资本进行了计算后说，他每分钟的收入是20美元，但摩根认为不止这些。除了与生意上有特别关系的人商谈外，他与人谈话绝对不超过5分钟。

通常，摩根总是在一间很大的办公室里，与许多员工一起工作，他不是一个人待在房间里工作，他会随时指挥他手下的员工，按照他的计划去行事。如果你走进他那间大办公室，是很容易见到他的，但如果你没有重要的事情，他是绝对不会欢迎你的。

摩根能够准确地判断出一个人来接洽的到底是什么事。当你对他说话时，一切转弯抹角的方法都会失去效力，他能够立刻判断出你的真实意图。这种卓越的判断力使摩根节省了许多宝贵的时间。有些人本来就没有什么重要事情需要接洽，只是想找个人来聊天，而耗费了工作繁忙的人许多重要的时间。摩根对这种人简直是恨之入骨。

摩根憎恨浪费时间的行为说明他是一个懂得时间价值的人，正是这种重视时间价值的习惯造就了摩根金融大王的地位。

当然，有时一个待人做事简捷迅速、斩钉截铁的人，也容易引起别人的一些不满，但他们绝对不会把这些不满放在心上。为了要在事业上有所成就，恪守自己的规矩和原则，他们不得不减少与那些和他们的事业没什么关系的人来往。

处在知识日新月异的信息时代，人们常因繁重的工作而紧张忙碌。如果想提高自己的工作效率，让自己忙出效率和业绩，我们就要向摩根学习，培养自己重视时间价值的习惯。

活用你的零碎时间

富兰克林曾说过：“世界上不知有多少可以建功立业的人，只因为把难得的时间轻轻放过而默默无闻。”

美国近代诗人、小说家和出色的钢琴家艾里斯顿善于利用零散时间的方法值得借鉴。他写道：

当时我大约只有 14 岁，年幼疏忽，对于爱德华先生那天告诉我的一个真理，未加注意，但后来回想起来真是至理名言，从那以后我就得到了不可限量的益处。

爱德华是我的钢琴教师。有一天，他给我教课的时候，忽然问我：每天要练习多少时间钢琴？我说大约每天三四小时。

“你每次练习，时间都很长吗？是不是有个把钟头的时间？”

“我想这样才好。”

“不，不要这样！”他说，“你将来长大以后，每天不会有长时间的空闲的。你可以养成习惯，一有空闲就几分钟几分钟地练习。比如在你上学以前，或在午饭以后，或在工作的休息余闲，五分钟、五分钟地去练习。把小的练习时间分散在一天里面，这样弹钢琴就成了你日常生活中的一部分了。”

当我在哥伦比亚大学教书的时候，我想兼职从事创作。可是上课、看卷子、开会等事情把我白天、晚上的时间完全占满了。差不多有两个年头我一字不曾动笔，我的借口是没有时间。后来才想起了爱德华先生告诉我的话。到了下一个星期，我就把他的话实践起来。只要有五分钟左右的空闲时间我就坐下来写一百字或短短的几行。

出人意料，在那个星期的终了，我竟积有相当多的稿子准备做修改。

后来我用同样积少成多的方法，创作长篇小说。我的教学工作虽一天比一天繁重，但是每天仍有许多可以利用的短短余闲。我同时还练习钢琴，发现每天小小的间歇时间，足够我从事创作与弹琴两项工作。

艾里斯顿的经历告诉我们，生活中有很多零散的时间是大可利用的，如果能化零为整，那你就可以大大地提高你的工作效率。

所谓零碎时间，是指不构成连续的时间或一个事务与另一事务衔接时的空余时间。这样的时间往往被人们毫不在乎的忽略过去。零碎时间虽短，但倘若一日、一月、一年地不断积累起来，其总和将是相当可观的。凡是在事业上有所成就的人，几乎都是能有效地利用零碎时间的人。

富兰克林在有效利用零碎时间方面堪称楷模。“我把整段时间称为‘整匹布’，把点滴时间称为‘零星布’，做衣服有整料固然好，整料不够就尽量把零星的用起来，天天二三十分钟，加起来，就能由短变长，派上大用场。”这是成功者的秘诀，也是值得我们学习借鉴的好方法。

英国女作家艾米莉·勃朗特在年轻的时候，除了写作，还要承担繁重的家务劳动，例如烤面包、做菜、洗衣服等。她在厨房劳动的时候，每次都随身携带铅笔和纸张，一有空隙，就立刻把脑子里涌现出来的想法写下去，然后再继续做饭。

美国作家杰克·伦敦的房间，有一种独一无二的装饰品，那就是窗帘上、衣架上、柜橱上、床头上、镜子上、墙上……到处贴满了各色各样的小纸条。杰克·伦敦非常偏爱这些纸条，几乎和它们形影不离。这些小纸条上面写满各种各样的文字：有美妙的词汇，有生动的比喻，有五花八门的资料。杰克·伦敦从来都不愿让时间白白地从他眼皮底下溜过去。睡觉前，他默念着贴在床头的小纸条；第二天早晨一觉醒来，他一边穿衣，一边读着墙上的小纸条；刮脸时，镜子上的小纸条为他提供了方便；在踱步、休息时，他可以到处找启动创作灵感的语汇和资料。不仅在家里是这样，外出的时候，杰克·伦敦也不轻易放过闲暇的一分一秒。出门时，他早已把小纸条装在衣袋里，随时都可以掏出来看一看，想一想。

闲暇对于智者来说是思考，对于享受者来说是养尊处优，对于愚者来说是虚度。要合理利用好琐碎时间，我们需要做好下面几点：

1. 提高执行速度

动作的快慢决定着需耗用时间的长短。

曾看过这样一个故事，说的是一个闲着无事的老大爷，为了给远方的孙女寄张明信片，可以花上一天的时间。老大爷买明信片时用了两个小时，找老花镜用了两个小时，找地址用了一个小时，写明信片用了两个小时，投寄明信片用了一个小时。换一个动作迅捷的人，只用几分钟的时间他便能办好这位老大爷所做的事。

2. 利用“边角料”时间

我们所强调的时间观念和节奏观念，都是为了提高办事效率，如果一个小时就把需要两个小时办的事情办完了，其效率就提高了一倍。将更多的事情安排在有限的时间里完成，这多有意义啊！时间在鲁迅先生的笔下被称作海绵里的水，只要你愿意挤，便会有。做事情只有快，却不懂得“挤”时间，也是不完美的。一名高效能工作者要养成一种对于时间敢于挤、善于挤的精神。养成挤时间的良好习惯，对于学习是非常重要的。那么你如何在快速的生活节奏和繁忙的工作中挤出时间呢？我们要提高时间的利用率，就要学会化零为整，善于把时间的“边角余料”拼凑起来，加以利用。

吴华和朋友新开了一家公关咨询公司，一年接下约130个案子，她每年到处旅行，有很多时间是在飞机上度过的。她相信和客户维持良好的关系是很重要的，所以她常利用飞机上的时间写短信给他们。一次，一位同机的旅客在等候提领行李时和她攀谈，他说：“我在飞机上就注意到你，在2小时48分钟里，你一直在写短信，我敢说你的老板一定以你为荣。”吴华平静地回答：“我就是老板。”可见，我们不仅要做事业上的老板，还要学会做时间的“老板”。

在实际生活和工作中不管你多么有效率，总是有机会让你等待：你可能错过公车、地铁、飞机，碰上出其不意的中途休息；你也许已经尽可能地小心计划每一件事，但是你可能意外地被困在机场，平白多了 3 个小时时间可利用。而所有成功人士在这种情况下所做的事是：我带本书；我写东西；我修改报告。我们可以在这样的时间里做些工作。这样，你不但挖掘出了你隐藏的时间，而且也向成功者的行列迈近了一步。

3. 善于利用假日

按照中国的有关规定，每个人每年节假日的休息时间为 10 ～ 11 天，再加上周末的时间，一年就会有 130 天左右的假期。如果你把这段时间巧妙地加以利用，也会有一定的收获。

著名数学家科尔用了三年内的全部星期天解开了“2 的 62 次方减 1”是质数还是合数的数学难题。这三年的星期天多么有意义啊！其实，时间就在我们手中，就看你如何利用它。

掌握你的生理节奏

在我们日常的工作和生活中，除了每天能力状态的规律性波动之外，我们还可以观察到较长时间段里的生理节奏。通过生理节奏管理，我们可以解读体内的“生物钟”，了解其规律，通过主动调整，使自己的能力与其自然波动相适应。

在低点周期和临界日，我们养精蓄锐，放松休息，多做重复性工作、回避不愿见的人和令人头疼的问题。与此相反，在高点周期则要大干一番！这时候适宜做出决定，重新部署工作，贯彻自己的意图。

管理好自己的生理节奏，可以让我们更好地掌握自己的时间和身体，更高效地工作和轻松地生活。那么，究竟什么是“生理节奏”呢？看过下面这个生活中的小例子我们就会明白了。

汤米睁开了眼睛，才不过清晨5点钟，他便已精神饱满，充满干劲。另一方面，他的太太却把被子拉高，将面孔埋在枕头底下。

汤米说：“过去15年来，我们俩几乎没有同时起过床。”

像汤米夫妇这样的情况，并非少见。

我们的身体像个时钟那样复杂地操作，而且每个人的运转速度也像时钟那样彼此略有不同。汤米是个上午型的人，而他的太太则要到入夜后才精神最好。

一位大学赛船冠军队队长曾说过：“我们的教练常常提醒队员说：‘要想赢就得慢慢地划桨。’如果划桨的速度太快的话，就会破坏船行的节拍，一旦搅乱节拍，再恢复正常的速度就很难了。”同样，我们要做好工作与生活的协调，就要注意用好自身的节奏。

很久以来，行为学家一直认为人体生物钟方面的差异主要是因为个人的怪癖或早年养成的习惯。直到20世纪50年代后期，医生兼生物学家赫森提出了一项称为“时间生物学”的理论，此见解才受到挑战。赫森医生在哈佛大学实验室中发现某些血细胞的数目并非整天一样，这视它们从体内产生的时间不同而定，但这些变化是可以预测的。细胞的数目会在一天中的某个时间比较高，而在12小时之后则比较低。他还发现心脏新陈代谢率和体温等也有同样的规律。

赫森的解释是，我们体内的各个系统并非永远稳定而无变化地操作，而是大约有一个周期。有时会加速，有时会减慢。赫森把这些身体节奏称为“生理节奏”。

时间生物学的主要研究工作，现在全部由美国太空总署主持。罗杰斯就是该署的一位研究生理学家，亦是一位生理节奏学权威，据他说，在大多数太空穿梭飞行中，制定太空人的工作程序表时都应用了生理节奏的原理。

这项太空时代的研究工作有许多成果可以在地球上采用。例如，时间生物学家可以告诉你，什么时候进食可以使体重不增反减，一天中哪段时间你最有能力应付最艰苦的挑战，什么时候你忍受疼痛的能力最强而适宜去看牙医，什么时候做运动可以收到最大效果。罗杰斯说：“人生效率的一项生物学法则是：要想事半功倍，必须将你的活动要求和你的生物能力配合。”

你可以利用生理节奏规律来帮助你更好地生活和工作。但是，你首先必须知道该如何去辨认它们。罗杰斯和他的同事们研究出以下这套方法，可以帮助你测定自己的身体规律：

早上起床之后一小时，量一量你的体温，然后每隔四小时再量一次，最后一次测量时间尽量安排在靠近上床时间。一天结束时，你应该得到五个体温度数。

每个人的变化不同而结果亦异。你的体温在什么时候开始升高？在什么时候到达最高点？什么时候降至最低点？你一旦熟悉了自己的规律之后，便可以利用时间生物学家的理论来增进健康和提高工作效率。

我们的生理节奏到达最高峰的时候，做体力工作便会得到最佳的成绩。对大多数人来说，这个最高峰大约持续四小时。因此，你应该把花费气力的活动安排在体温最高的时候进行。

至于从事脑力活动的人，时间表则比较复杂。要求准确性的任务，例如教学工作，最好是在体温正向上升的时候去做。大多数人体温上升时间是在早上 8 时或 9 时，对比之下，阅读和思考则在下午2时至4时进行比较适宜，一般人的体温在这段时间会开始下降。

虽然每个人都有自己不同的生理节奏，每个人的高峰和低谷时间也各不相同。但是我们要用好自己的生理节奏，有一个习惯是不能忽略的，那就是养成早睡早起的习惯。对于那些朝九晚五的上班族来说，这种习惯显得更加重要。

被人们称为时间管理大师的哈林·史密斯曾经提出过“神奇三小时”的概念，他鼓励人们自觉地早睡早起，每天早上5点起床，这样可以比别人更早开始新的一天，在时间上就能跑到别人的前面。利用每天早上5～8点的“神奇的三小时”，你可以不受任何人和事的干扰做一些自己想做的事。每天早起三小时就是在与时间竞争，你必须讲求恒心，养成早起的习惯，以后你会受益无穷。

仔细研究一下，早睡早起除了哈林·史密斯所提到的“神奇三小时”的好处之外，还有以下一些好处：

1. 获得内心的平静

已故诺贝尔和平奖得主特蕾莎修女曾说过，现代生活在都市的人最缺乏的、最渴望的就是“心灵的平静”。而早睡早起，利用早上神奇的三小时想些问题、做些重要工作，这样往往可以捕捉到都市喧嚣忙乱背后的宁静时刻。

2. 规划一天工作

“一日之计在于晨”，清晨往往是你精神最集中、思路最清晰、工作效率最高的时候。在这段时间里，绝对没有人或电话来骚扰你，你可以全心全意做一些平日可能要花上好几个小时才能完成的工作或事务，规划一下未来的工作，并且可以取得很好的成效。

3. 培养自律

养成早睡早起的习惯，可以使你一天精力充沛，更能增强你的信心，考验你的自律，为你建立一个正面的“自我概念”。

4. 调息身心

当然早睡早起并不是苛刻地剥削我们的睡眠时间，正好相反，早睡早起只是将我们的睡眠及起床时间略微调整，而这正是高效率利用时间的要求。如果我们在晚上 10 点睡觉、早上 5 点起床的话，我们的睡眠时间是 7 个小时。而一般人如果在午夜 12 点入睡，早上 7 点起床的话，他们的睡眠时间也同样是 7 个小时。

所以我们在这里提倡早睡早起，运用“神奇的三小时”这一概念，只是非常有策略性地将休息和工作的时间对调了一下，我们将晚上 10 点至午夜 12 点这段本是用来看电视、看报纸、娱乐、应酬的时间用于睡眠，而早上 5 ～ 8 点这段本应用作睡眠的时间，用来做一些更重要的事情。这个调整也符合大部分人生理上的节奏和规律。

运筹时间的黄金定律

生活中，善丁有效利用财富的人很少，但更让人惋惜的是，懂得如何利用时间的人更少。

善于利用时间要比善于利用财富更重要，这恐怕是一个不用多加说明的常识。

所以，时间管理学对于每个人来说都是有实用价值的。有效的时间管理可以带来美好的生活。那么怎样做才能成为一名运筹时间的高手呢？下面提供几种有效的运筹时间的方法。

1.“ABCD”优先顺序法

做任何事情都要有计划，分清轻重缓急，然后全力以赴地行动，这样才能成功。

在安排计划的优先顺序时，有一种简单的“ABCD法”非常实用。所谓“ABCD法”，是根据自己的目标，将计划中最为重要的事情归于A类，这类事情如果没有完成，后果非常严重；其次的事情归于B类，它们需要你去做，但如果没有完成，后果不会太严重；把那些做了更好、不做也行的事情，做或不做都不会有任何不好的事情归于C类；把可以交给别人去完成，或完全可以取消、做不做没有差别的事情归为D类。

经过这样的分类后，处理事情时，就免去考虑应该先做什么事情的时间。只要看一看计划表，就能够很快地知道自己该进行哪一项工作了。为了更加有效地进行工作，在A类的各项计划中，还可以再进行细分，用“A—1”“A—2”“A—3”等来标示其顺序。这样一来，即使在时间紧迫的情况下，你也可以很快找到自己应该着手进行的事项。

成功应用“ABCD”工作分类法的关键，是你必须要严格自律，每天一定将工作清单根据上述分类法加以清楚标示，接着从A—1工作开始做起，一次只专心做一件事。

100%完成A—1事项后，再依序完成其他事项，尽快授权或外包D类事项，可以取消的话就立刻取消。

俗话说：射人先射马，擒贼先擒王。掌握了“处理问题应当先抓住要点”的关键，养成用“ABCD”分类法做计划并切实执行的好习惯，会使你每天的工作生活变得有组织、有秩序，可以帮助你完全掌控时间，掌握工作的重点与节奏。

2. 谨守史密斯法则

生活中到底哪些事情是真正值得花费时间和精力去处理的呢？下面的情况你都想到了吗？

（1）提升生命大目标的事。

（2）你一直想做的事。

（3）付出20%，收益却占总收益的80%。

（4）能大大节约时间，或者可以使品质大大改善的创新。

（5）千载难逢、稍纵即逝的事。

或许你还有其他对你来说真正重要的事情没有列出来，比如和亲人相聚，与情人共度一个没有电话干扰的周末，在非常疲倦沮丧的时候请假上街逛逛。当然，你还要充电、进修、补习……总之，你应该将时间用在那些让你真正感觉快乐、成功和满足的事情上，而不要让枯燥、低效的例行公事占据你绝大部分的时间。

美国一位时间管理专家史密斯在其著作《打开成功之门》一书中提出5项关于时间管理的自然法则，它的秘诀在于能否建立自己的生命目标（核心价值），并以顽强的意志投入全部的生命力量，把握今天的机会，不断超越昨天的原有格局。它包括：

法则1：掌握生活大小事——通过掌握时间而掌握生活。

法则2：确立核心价值——核心价值是自我实现和个人成就的基础。

法则3：排定优先顺序——当日常生活反映了你的核心价值，你就能体验发自内心的平静。

法则4：设定明确可行的目标——为达成重要目标，必须远离安逸。

法则5：规划每日工作——每日规划做得好，时间宽裕效率高。

不管如何管理时间，它应有助于生活平衡发展，提醒我们在社会生活和家庭生活要扮演不同的角色，以免忽略了健康、家庭、个人发展等重要的人生层面。

3. 统筹分配法

我们平时会做出各种计划，以决定时间该如何支配，行动该如何开展。对成功者来说，统筹分配法是时间管理非常重要的技巧，它贯穿于生命的始终，可以使人更有效率。无论在工作中还是在生活中，统筹分配法将使你聪明地管理和利用好时间。

对于时间安排，重要的是你首先要搞清一件事——在什么时间做什么事能带来更高的效率，能更好地确保自己实现目标？

甲乙二人斗智，甲出了一个题目让乙来完成。这个题目看起来是不可能完成的，即在一个同时只能烙两张饼的锅中，3分钟内烙好3张饼，每张必须烙两面，每面烙1分钟。这样算下来，最少需要4分钟才有可能把3张饼烙完。可是甲只给了乙3分钟的时间，这怎么办呢？

乙想了想，突然想到了在3分钟内烙3张饼的方法：这种方法的宗旨就是打破常规的烙饼方法。先烙两张饼，1分钟后，把一张翻烙，另一张取出，换烙第3张，又过1分钟，把烙好的一张取出，另一张翻烙，并把第一次取出的那张放回锅里翻烙，结果3分钟后3张饼全烙好了。

效率意识的真正含义就是在同样的时间内争取最大的收获。现代人应该更加重视效率的真正含义，不断改进工作方法，在最短的时间内取得最好的效果。

在常规的工作过程中，其实有很多时间被浪费，你或许根本就没有察觉到它的存在，但它一直在影响着你工作的效率。要想提高你的工作效率，要做的就是把它找出来，剔除它。比如说，你不得不去参加一些会议，可能你很忙，认为参加这些会议是在浪费你的时间。于是你在会上心不在焉，就等着赶紧散会，回去好继续做你的工作。结果你白白浪费了好几个小时的时间，最后什么也没有得到。

可是你完全可以把这当作一次难得的机会，因为平时根本不可能把这么多人聚集在一起。你可以在活动期间，充分结交朋友，在聊天的过程中寻求商业机会。散会后，及时地把会上搜集的资料整理出来，然后经过分析、整理，最后很可能就得出了一个非常好的商业策划。

此外，我们必须既会利用长时间，完成较大的工作，又会利用零碎的时间，做小事情。

4. 生命紧迫法

如果能过“洞中方七日，世上已千年”的神仙日子，那我们就用不着管理时间了，我们有用不完的时间。但事实上年华老去，便无法回头。生命是有限的，不要让我们的人生留下任何遗憾。

在这个世界上，其实每个人都患有一种癌症，那就是不可抗拒的死亡，即时间的无情流逝。我们之所以没有列出一张生命的清单，抛开一切多余的东西，去实现梦想，去做自己想做的事，是因为我们认为自己还会活得更久。也许正是这点差别，使我们的生命有了质的不同：有些人把梦想变成了现实，有些人把梦想带进了坟墓。

所以，通过这个生命即将消逝的假设，可以了解你自己的内心，找到你最想做的事情，指导你现在的生活，让你感到生命中每一分、每一秒都是弥足珍贵。

设想一下，假如生命只剩下了24小时，在这一段时间里，你最想做什么事？见什么人？了却哪些心愿？为谁再做些什么？你想和谁在一起？

此时此刻你想到的这些答案，便都是你此生中，对你最重要的，最让你珍视的人和事。时刻以这样的时间紧迫感问问自己，知道自己需要什么从而有意识地利用时间，生命的价值一定能得到最大限度的开发。

赶走“时间窃贼”，忙出效果

研究发现，人们的时间往往是被下述“时间窃贼”给偷走的，这是造成我们不知不觉中忙碌却效率低下的主要原因。只有赶走这些“时间窃贼”，才能忙出效果。

1. 找东西

据美国200家大公司职员做的调查，公司职员每年都有6周的时间浪费在寻找乱放的东西上面。这意味着，他们每年要损失10%的时间。对付这个“时间窃贼”，最好的办法就是：不用的东西扔掉，不扔掉的东西分门别类保管好。

2. 懒惰

懒惰是很多人的常态，也是影响我们工作的“时间窃贼”，对付它的办法就是：

（1）使用日程安排簿。

（2）在家居之外的地方工作。

（3）及早开始。

3. 时断时续

研究发现，造成公司职员浪费时间最多的是干活时断时续的方式。因为这种不良的工作方式不但会消耗掉大量时间，而且，重新工作时，你还需要花时间调整大脑及注意力，才能在停顿的地方接着去干。下面是避免或尽量减少停顿的3种方法：

（1）争取在清晨开始工作。时间效率专家们发现清晨工作时较少受干扰，思路也比较清晰，如果在清晨工作效率会有显著的提高。

（2）尽量在大段时间内工作。在大段时间内工作比较容易集中精神投入工作，为自己营造一个在 4 ～ 6 小时内不受打扰的工作时段是防止时间窃贼侵袭的重要方法。

（3）培养一步到位的工作精神。

4. 拖拖拉拉。

做事拖拉的人总是比别人花更多的时间去思考要做的事，担心这个担心那个，找借口推迟行动，又为没有完成任务而悔恨。对付这种时间窃贼的方案就是：立即行动。

5. 对问题缺乏理解就匆忙行动

这种人与拖拉作风正好相反，他们在未获得对一个问题的充分信息之前就匆忙行动，以至于往往需要推倒重来。这种人必须培养自己的自制力，把问题看透再开始行动。

6. 做事抓不到关键点

做事抓不到关键点是浪费时间的一大罪因，我们做事情要像武功中的“点穴”那样，虽然用力不大，但因为点的是要害，别人就会动弹不了。遇到难题时，寻找“穴点”，并采取相应措施，十分有必要。

7. 在早上检查私人邮件

在早上检查私人邮件是很让人分心的事，特别是当你的朋友发给你有意思的文章或者收到极具诱惑性的广告时。如果你不小心，你可能一下子就陷进去几个小时。要在完成一些任务后或者已经开始进入工作状态后检查私人邮件。如果你不想分心，等到工作完成后再回复。

第三章 学会合作，为成功助力

合作更能见成效

经验告诉我们，单凭一个人的力量是很难有大的成就的，只有与人合作，大家一起努力才能使工作出成效。

在非洲丛林中，号称丛林之王的狮子长期处于饥饿之中，是什么原因呢？原来狮子捕猎的时候大都是独来独往，而丛林里另一种食肉动物——鬣狗，则是成群活动，大的鬣狗群有数百只，小的也有几十只，它们很少自己猎食，而是等狮子把猎物杀死以后，从这个丛林之王嘴里抢食！

虽然单个的鬣狗对于强大的狮子来说根本不值一提，可是成群的鬣狗团结起来却让这个丛林之王却步。争夺的结果，往往是狮子在旁边看鬣狗分享自己辛苦狩猎的成果，等到鬣狗吃完了拣一些残渣肉沫聊以果腹。

企业中也同样存在像狮子一样的人，他们能力超群、才华横溢，自以为比任何人都强，连走路的时候眼睛都往上看，他们藐视职场规则，不听同事的任何意见，甚至连上司的意见也置若罔闻，在以团队合作为主的企业里，他们几乎找不到一个可以合作的同事或朋友。这样的人，最终只能像狮子一样处于饥饿之中。

某公司部门经理王强就是一个很好的例子：

王强头脑灵活，观察敏锐。在他还未当上部门经理以前，很善于掌握基层人员提供的情况，他的决策、建议都能够很顺利地得到推行。他坐上部门经理的位置之后，地位有了变化，人也有了变化，他开始不信任任何人，大小事都自己决定，动不动就呵斥下属，弄得自己部门像一盘散沙，人人都在为自己打算。协调工作会议经常是王强一个人在演讲，大小事他全都一手包办，任何员工提的意见都不能改变他的决定。所以当王强提出自己的工作方案征询大家的意见时，大家认为反正说了也没用，于是全都不发表意见。大家都不说话，王强就用点名的方式，被点到的人嘴里虽然说："王经理的想法很好，我举双手赞成。"心里却难以苟同。由于大家都没有说真心话，结果王强个人的想法、计划、决定一推出即等于死亡。日复一日，这个部门的工作情况逐渐恶化，最后王强不得不"下野"。因为部门的工作一团糟，老板早已有心做一番调整。

王强正是不善于与他人合作，才使得自己的发展空间越来越小，最终失去了自己的领地。

只有团队成功，个人才能成功。对于每个人来说，保证自己的事业有一个更大发展空间的一个重要方法就是，善于同周围的人合作。一个人的力量是渺小的，只有合作才能使工作出成效。

有这样一个故事：

一家有影响的公司招聘高层管理人员，12 名优秀应聘者经过初试，从上百人中脱颖而出，进入由公司老总亲自把关的复试。

老总看过 12 个人详细的资料和初试成绩后，相当满意。但是此次招聘只能录取 4 个人，所以，老总给大家出了最后一道题。

老总把这12个人随机分成甲、乙、丙三组，指定甲组的4个人去调查本市婴儿用品市场，乙组的4个人调查妇女用品市场，丙组的4个人调查老年人用品市场。老总解释说："我们录取的人是用来开发市场的，所以，你们必须对市场有敏锐的观察力。让大家调查这些行业，是想看看大家对一个新行业的适应能力。每个小组的成员务必全力以赴！"临走的时候，老总补充道："为避免大家盲目开展调查，我已经叫秘书准备了一份相关行业的资料，走的时候自己到秘书那里去取。"

两天后，12个人都把自己的市场分析报告送到了老总那里。老总看完后，站起身来，走向丙组的4个人，与之一一握手，并祝贺道："恭喜4位，你们已经被本公司录取了！"老总看见大家疑惑的表情，平静地解释道："请大家打开我叫秘书给你们的资料，互相看看。"原来，每个人得到的资料都不一样，甲组的4个人得到的分别是本市婴儿用品市场过去、现在和将来的分析，其他两组的也类似。老总说："丙组的4个人很聪明，互相借用了对方的资料，补全了自己的分析报告。而甲、乙两组的8个人却分别行事，抛开队友，自己做自己的。我出这样一个题目，其实最主要的目的，是想看看大家的团队合作意识。甲、乙两组失败的原因在于他们没有合作，忽视了队友的存在！要知道，团队合作精神才是现代企业成功的保障！"

要想成为一名做事高效的员工，仅仅靠卓越的个人能力是远远不够的。现代企业在强调个人素质的同时，更多时候强调的是团队合作精神。一滴水，只有深入大海，才永远不会枯竭；一个员工，只有充分地融入整个企业、整个市场的大环境当中，他的才华才能充分地发挥，才能创造最大的经济效益。

协同效应：1 + 1 > 2

团队并不是个体的叠加，而是需要每个团队成员发挥团队精神，为同一目标共同努力，才能产生协同效应。如果每一个团队成员都是各顾各地忙碌，那么对团队来说只是产生许多内耗，对于共同的目标没有任何益处。

一天，蚂蚁驻地遭到了蟒蛇的攻击和破坏。蚁王在卫士的护卫下来到宫殿外，只见一条巨蟒盘在峭壁上，正用又长又硬的尾巴用力地拍打峭壁上的蚂蚁，来不及躲闪的蚂蚁无一例外丢掉了性命。

正当蚁王一筹莫展、无计可施时，军师把所有在外劳作的数亿只蚂蚁召集回来，指挥蚂蚁立刻爬上周围的大树，并让它们抱成团从树上倾泻而下，砸在巨蟒身上。转眼之间，巨蟒已被蚂蚁完全裹住，变成了一条“黑蟒”。它不停地摆动身子，试图逃跑，但没过多久，动作就缓慢下来了，直到完全不能动弹。因为数亿只蚂蚁在撕咬它，使它浑身鲜血淋漓，最终蟒蛇因失血过多而死亡。

一条巨蟒，足够全国蚂蚁一年的口粮了，这次战争虽然牺牲了两三千只无辜的蚂蚁，但也没让它们白白地死掉。蚁王命令把巨蟒扛回宫殿，在军师的指挥下，数亿只蚂蚁一起来扛巨蟒。他们毫不费力地把巨蟒扛起来了。然而，巨蟒没有前移，虽然每一只蚂蚁都很卖力，但这数亿只蚂蚁的行动不协调，他们前进的方向并不一致，有的向左走，有的向右走，有的向前走，有的则向后退，结果，表面上看到巨蟒的身体在挪动，实际上却只是原地“摆动”。

于是军师爬上大树，大声地对扛巨蟒的蚂蚁说："大家记住，你们的目标是一致的，那就是把巨蟒扛回家。"统一了大家的目标，军师又找来全国嗓门最高的一百只蚂蚁，让他们站成一排，整齐地挥动小旗，统一指挥前进的方向。

这一招立即见效，蚂蚁们很快将巨蟒拖成一条直线，蚂蚁们也站在一条直线上。然后，指挥者们让最前面的蚂蚁起步，后面的依次跟上，蚂蚁们迈着整齐的步伐前进，很快将巨蟒抬回了宫殿。

蚂蚁凭什么能够战胜凶猛强大的巨蟒，并将重达数百倍、数千倍，乃至数万倍于自己的巨蟒搬回家？很明显，单靠一只蚂蚁是绝对不可能完成的，必须由无数只蚂蚁结成共同目标且动作协调一致的团队才能完成。在现实中，团队的协同效应 1 ＋ 1 ＞ 2 并不是自然产生的，而是需要一个过程。在这个过程中需要不断地培养团队精神，而这种团队精神，是任何组织都梦寐以求的。拥有了团队精神，就拥有了企业的核心竞争力，就具备了在现代市场竞争中无往不胜的战略优势，因为这是企业赖以生存和发展壮大的基础。

在 IT 业的冬天，蓝色巨人 IBM 依然挺立。IBM，财富 500 强之一，在全球 160 多个国家都有分支机构，其业绩值得骄傲。可以说，是多元化的团队造就了 IBM 今天的辉煌。

IBM 拥有一支多元化的团队，员工们必须遵循企业高效率、高技巧的多元化标准。IBM 希望每一个员工都有团队精神，每一个团队都是高绩效的团队，这样整个公司才能够蒸蒸日上，欣欣向荣。

20 世纪 60 年代中期，日本经济飞速发展，成为世界经济大国，竞争力跃居世界前列。为探求日本经济迅速提升的秘密，以美国为首的西方国家对日本企业展开了深入地研究。结果发现，如果让日本最优秀的员工与欧美最优秀的员工进行一比一的对抗赛，日本的员工多半甘拜下风；但如果以班组和部门为单位进行比赛，日本总是会占上风。原因在于，欧美的企业是由少数人来主导的，工作由上级以命令的形式发布。在个人主义盛行、鼓励个人奋斗的欧美社会，组织内经常会发生内耗，形不成 1 ＋ 1 ＞ 2 的团队竞争力。而在日本的企业中，员工有着强烈的归属感，故而工作勤奋认真，会将全身心都投入到企业中，而企业则能充分发挥全体员工的智慧，注意调动每一位员工的能动性，培养协作精神，结成坚强的团队，从而产生巨大的竞争力。这一结果表明，团队能够使公司生产水平提高、利润增加，使公共部门的任务完成得更彻底、更有效率，这也就是团队盛行的原因所在。

一只蚂蚁的力量是微弱的，但一群蚂蚁的力量是不可低估的，甚至可以爆发出令世人惊叹的力量。但是对于那些没有团队意识的人，一个人的力量是微弱的，一群人的力量则更微弱，只有那些能够真正团结在一起的人，才能获得 1 ＋ 1 ＞ 2 的效应。

为了团队目标，团队的成员应该团结在一起，以便调动主观能动性，挖掘成员的团队潜能，实现个人价值的最大化，最终推动团队业绩的整体提高。

善于统合别人的资源为我所用

在一次国际博览会上，各国代表为了使自己的表述更加形象、更有说服力，纷纷拿出具有民族特色、能够体现民族悠久历史的实物——酒，来彼此相敬。中国代表首先拿出古色古香、做工精细的茅台，打开瓶盖，香气四溢，众人为之称道。紧接着，俄国代表拿出了伏特加，法国代表拿出大香槟，意大利代表亮出葡萄酒，德国代表取出威士忌，众彩纷呈。最后，大家都看着美国代表。

美国代表不慌不忙地站起来，把大家拿出的各种酒都倒出一点，兑在一起，说："这叫鸡尾酒，它体现了美国的精神——博采众长，综合创造。我们随时准备召开世界文明智慧博览会。"

美国人虽然没有拿出什么特色酒来，但是他们善于把别人的资源统合到一起变成自己的特色。直接拿来就用，既免去了自己造酒的忙碌，也体现了自己的特色，实属一种很聪明的做法。美国是一个仅有两百多年历史的国家，却能迅速成为世界强国并风光多年，这跟他们的这种统合思维有很大的关系。他们得益于统合世界各民族的文化，提炼其精华，为己所用，变成自己的特色。我们在工作中如果能够敞开胸怀，拿出兼收并蓄的雅量来博采众长，那我们的工作必会轻松很多。下面这个案例就能很真实地说明这一点。

一家知名的牙膏企业由于牙膏市场的饱和而陷入销量停滞的危机状态，公司上层为此绞尽脑汁也想不出一个行之有效的策略来提高销售量。这时有一名聪明的员工想出了一个办法：向员工征集解决问题的策略，并给予奖励。

很快，不少新点子马上一个个冒了出来，企业从中归结统合出三大策略：改变产品外观设计，加大宣传力度，挤压别的产品，扩大本产品的市场占有份额；在本产品已占有市场份额的基础上，并购其他小型企业，增加在市场中的影响力；跳出竞争的范畴，从消费者入手，把牙膏的挤出口扩大成原来的2倍，让消费者在不知不觉中增加了每天的使用量。几个月后，该产品的月销售量竟翻了一番。

海纳百川，有容乃大，个人的智慧是有限的，只有善于统合、兼收并蓄别人的智慧资源才能打破个人的狭窄思维，从不同角度得到解决问题的办法。

美国阿波罗登月计划总指挥韦伯指出：今天世界上，没有什么东西不是通过统合而创造的。阿波罗庞大计划中没有一项新发明的自然科学理论和技术，都是现有技术的运用，关键在于统合。

一些专家说，由统合而创造，是日本技术腾飞的成功之道。例如，20 世纪 60 年代，日本从奥地利引进氧气顶吹炼钢技术，从法国引进高炉顶吹重油技术，从美国、苏联引进高炉高温、高压技术，从西德引进炼钢脱氧技术，从瑞士引进连续铸钢技术，以及从美国引进轧钢技术。他们通过对这六大技术的统合，创造了世界上一流的钢铁技术，并进一步改进，创造出转炉未燃气回收技术，到 20 世纪 70 年代转而作为技术专利向国外出口。又比如，闻名世界的日本松下彩色电视机，共使用了 400 多项技术，都是世界各国已有的，但经过统合，创造出的彩色电视机是其他国家所没有的。

统合别人的资源，可以为自己免去不少无效、低效的忙碌，很多东西别人已经想出了办法或者已经制造出了产品，为什么不拿来用而非要自己重新再去创造呢？并且，更重要的是，当你在统合别人资源的时候，你的大脑也会在此基础上进行创新，想出更好的办法，造出更好的产品。

因此，在工作中我们一定要学得聪明点，千万不能单枪匹马一个人在那里闷干，一定要多抬头，多交流，多合作，多吸取统合别人的有利资源为己所用，这样才能壮大自己，减少不必要的低效忙碌，又好又快地完成任务。

以他人之长补己之短

一个瞎子迷失在森林里，突然被东西绊倒在地。瞎子在地上摸索，发现自己跌倒在一个瘸子身上，他们开始交谈，不约而同地悲叹起各自的命运来。

瞎子说：“我已经在这里徘徊好久了，因为我看不见，所以找不到出去的路。”

瘸子说：“我也躺在这里好久了，因为站不起来，无法走出去。”突然，瘸子大叫：“我想到了，你把我背在肩上，我告诉你往哪儿走，我们联合就能够走出森林了！”

如果瞎子和瘸子不合作，不善于嫁接对方的长处，弥补自己的短处，无论他们在森林里怎么努力，都很难走出森林。

俗话说，尺有所短，寸有所长，每个人都不是十全十美的，只有善于利用别人长处的人才更容易取得成功。商人杰克就是一个把这一理念运用的出神入化的人物。

有一天，杰克告诉他的儿子：“我已经为你选好了一个女孩，我要你娶她。”杰克的儿子说：“不，爸爸，我自己的新娘我自己去寻找。”杰克告诉儿子：“但这个女孩是首富的女儿。”儿子大喜：“那太好了，我答应了，谢谢爸爸。”第二天，杰克找到了首富，跟他说：“我想给您的女儿介绍一个好丈夫。”首富委婉地拒绝：“我女儿还小呢，她还不想嫁人。”杰克说：“但我所介绍的年轻人非常优秀，他是世界银行的副总裁。”首富说：“啊，的确很优秀，行，我答应了。”于是杰克又去找世界银行的总裁，告诉他：“我想给您推荐一名副总裁。”总裁说：“我已经有很多位副总裁了，不必了。”杰克说：“可这位年轻人可不是一般人，他是首富的女婿。”总裁大喜：“原来是这样，你让他明天来上班吧。”

就这样，杰克的儿子娶了首富的女儿，又当上了世界银行的副总裁。

牛顿说：“我之所以看得比别人更远，是因为我站在巨人的肩膀上。”成功的捷径就是，以他人之长补己之短。如果杰克不懂得利用别人的长处“狐假虎威”，那么无论他多么努力，都有可能只是白忙，或者是痴人说梦。

在优势上面短于别人并不重要，重要的是你如何看待，如何去改变。没有人能够独自成功，也没有人能够拥有造物主所赐予的一切优点，但如果我们擅长与人合作的话，就能产生互补的效应，免去很多低效的忙碌。

丹麦著名的天文学家第谷的观察能力非常强，但是由于他不擅长理论研究，因此经常得出很多错误的结论，做了不少无用功。后来，第谷发现德国天文学家开普勒刚好和他相反：非常擅长理论研究，但观察能力弱于自己。于是第谷请开普勒做了自己的助手。在这种取长补短的密切配合下，他们终于发现了行星运动的“三定律”，为天文学做出了巨大的贡献。

我们在工作中不但要善于与同事在知识结构、性格、气质等方面形成互补，并且还要把这种“假借他人之长，补己之短”变成一种重要的工作方法，圆满、高效地完成任务。

2004年，蒙牛推出了一款叫“酸酸乳”的新产品，但销量仅7亿元，与其竞争对手伊利优酸乳25亿元的销量有很大的差距。

蒙牛开始为如何把“酸酸乳”推入市场和达到高销量寻找突破口。他们此时最缺的还是影响巨大的广告宣传。为此，他们所咨询的一家策划公司建议他们举办舞蹈比赛做宣传。但是，湖南卫视做的第一届“超女”节目引起了蒙牛的浓厚兴趣。因为这个节目的受众群体是12岁～24岁的年轻女观众，与蒙牛酸酸乳的消费群刚好吻合，恰好可以借助“超女”弥补他们在广告宣传上面的不足。

于是，蒙牛请了央视市场研究总监袁方牵线，最终以1400万元的价格成为“超女”的赞助伙伴。2005年，“超女”以前所未有的冲击力在全国掀起了一场平民运动大风暴。而蒙牛也借势获得了巨大的成功，在这场娱乐与经济互动的盛宴中，酸酸乳取得了25亿元销量的业绩。

他山之石，可以攻玉。借着“超女”的传媒效应，蒙牛酸酸乳成了家喻户晓的重要品牌。可能很多企业为了宣传自己的品牌四处奔走，忙碌不已，但实际效果却无法跟蒙牛酸酸乳相比。取长补短是一种事半功倍的好办法，如果我们想要在工作中减少忙碌，一定要懂得运用它。

第四章　专注目标，集中精力才能干出成绩

聚焦产生力量，专注才能高效

法国作家莫泊桑刚开始学写小说的时候，他的老师对他讲，你不要跟我学什么技巧，你到大街上去坐着，然后你看着驾驶马车的车夫，专注地盯住一位。如果你能把这个马车夫描述得和其他马车夫不一样的话，那么你的写作就过关了。

电视上曾经播放过这样一个节目，有一个很有名的说书人，当有人问他，为什么他的眼睛特别明亮？他回答说："每天晚上在黑夜中点一炷香，然后每天盯着那炷香看半小时，几年下来眼睛自然就有神了。"

莫泊桑最终成为一代文豪、说书人明亮的双眼增加了他的表演魅力，这些成就在我们常人看来非常了不起。可创造这一奇迹的原因非常简单，就是专注。

盖尔克是西门子中国区第一任销售总经理，他为德国西门子公司的电器产品进入中国市场立下了汗马功劳，他本人也因此赢得了荣誉，取得了巨大的成功。

有记者采访他："你可以透露一下成功的秘诀吗？"

盖尔克说："秘诀谈不上，我从 1983 年开始在西门子工作，用中国人的话说已经有 19 年工龄。我始终有一个座右铭，工作要专心致志，要在从事的工作中寻找乐趣，要有改变现状的决心，要能找到解决问题的方法，要有实际的行动。近 20 年来我一直坚持这样的信念，我在西门子的市场部、产品生产部、产品销售部都工作过，如果说取得了一点成绩，这就是其中的原因。"

职场上，很多人试图一次完成几件事情。同时完成多项任务常被视为令人羡慕的技能，甚至被当作工作要求之一。这是从计算机领域延伸出来的概念——电脑多任务操作，但那毕竟是机器，即便这样，电脑在执行多项任务时，有时也会死机或瘫痪。研究表明，成功人士一次只做一件事。他们知道，这样做比没头没脑地围着几件事转更节约时间。他们做起事来更专注，费时更少，出错更少。一次关注一件事，这需要训练，但其成效值得我们为之努力。

如何避免多头并举呢？成功人士有两种解决办法，依干扰性事务的重要性和紧迫性而定。如果干扰性事务比手头正在做的事情更重要，那么立刻着手来做。记下手头所做事情的要点或思路，记下目前的进度，暂时放在一边，等完成干扰性事务后再接着做。

如果干扰性事务不如手头的事情重要，那么先把它放在一边，等完成手上的事情后再做。接着分析这项任务，它也许不如日程表中其他的任务重要或紧迫。

成功人士总是在接手新的任务或请求时，首先尽力完成手头的工作，这样才能避免很多人整天要面临的开始停止、开始停止的状况。

要保持高效率的工作状态，还要有意识地控制自己的思维，使精力集中起来。专注是高效率工作的必备条件。

有人认为人们无法左右自己的思维，从而不能使自己集中精神。然而事实并非如此。要想控制思维并不是不可能的。因为各种想法都是从我们的大脑中迸发出来的，喜怒哀乐都形成于意识，所以能否控制大脑的意识就变得至关重要。这种想法也许显得太陈旧，但又有很多人活了一生都不明白它的真谛。人们总是抱怨自己没有办法集中注意力，但他不知道，只要自己愿意，他就一定能做到。

如果没有集中注意力——也就是说，没有向大脑发号施令并使它服从，那么就无法获得真正的生活。控制意识是获得真正生活的第一要素。

为了使自己注意力更集中，不妨试着做这样的训练：在街上、月台上、车里、吵闹的人群中来培养自己的意识，这是再简单不过的事了。不需要任何工具，甚至连书也不需要。不过，这并不是轻而易举就能做到的。

你一走出家门，就要开始集中精力想着某件事（可以随便从什么事开始想），也许还没走出 10 公尺，你的思维就开了小差，想到别的事去了。你只好再把它揪回来，继续想。也许当你到达车站时，你就已经这样重复 40 次了，但不要灰心，坚持下去你会成功的！只要你不懈地坚持，就一定能成功。如果你以自己不能集中精力来思考问题为借口而放弃努力的话，那就只能说你太懒了。

同一阶段只忙于有限目标

美国明尼苏达矿业制造公司（3M）的口号是："写出两个以上的目标就等于没有目标。"这句话不仅适用于公司经营，对个人工作也有指导作用。

"一个人做事缺乏效率的一个根本原因，就在于没有固定的目标，他们的精力太过分散，以至于一无所成。"著名效率管理专家史蒂芬·柯维在分析了众多个人在工作上效率低下的案例之后得出了这样的结论。

事实的确如此，许多在工作和生活中缺乏效率的人，就是因为目标过多，导致自己无法将精力集中在重要的事情上。如果他们的努力能集中在一个目标上，就足以使他们获得巨大的成功。

“瞧这儿，”一个农场主对他新来的帮手汤米说，“你这种犁法是不行的，你都犁歪了，在这样弯曲的犁沟中，玉米会长得很混乱。你应该让你的眼睛盯住田地那边的某样东西，然后以它为目标，朝它前进。大门旁边的那头奶牛正好对着我们，现在把你的犁插入土地中，然后对准它，你就能犁出一条笔直的犁沟了。”

“好的，先生。”

10分钟以后，当农场主回来时，他看见犁痕弯弯曲曲地遍布整块田地。

“停住！停在那儿！”

“先生，”汤米说，“我绝对是按照你告诉我的在做，我笔直地朝那头奶牛走去，可是它老在动。”

因为目标总是在变动，你就不得不在这个目标和那个目标之间疲于奔命，这是一种没有目的、缺乏头脑，而且效率非常低下的工作方法。

福威尔·伯克斯顿把自己的成功归因于勤奋和对某个目标持之以恒的毅力。在追求某个目标时，他从来都是全身心地投入。正是对自身奋斗目标地清楚认识和执着追求，造就了他最后的成功。

拿破仑·希尔先生在仔细观察过100多位在本行业获得杰出成就的成功人士的商业哲学观点之后，认为所有的成功商人都有做事专注于一个目标的优点。

事实上，当一个人养成做事有“明确的主要目标”的习惯后，就会培养出能够迅速做决定的习惯，而这种习惯对他提高工作效率很有帮助。相反，那些同时有着很多目标，精力分散的人会很快耗尽他们的精力，随之而来的就是原先的雄心壮志被消磨。

配合一项“明确的主要目标”做事的习惯，将帮助你把全部的注意力集中在一项工作上，使你行动的效率大大提高。

事实证明，最著名的成功商人都是那些能够迅速而果断做决定的人，他们在工作时，总是先有一个重大的特殊目的，作为他们的主要目标。

下面就是一些最著名的例子：

伍尔沃斯的“明确的主要目标”就是要在全美各地设立一连串的“廉价连锁商店”，他把全部精力花在这件工作上，最后他终于完成了此项目标，而这项目标也使他获得了成功。

雷格莱专心于生产及制造一包 5 美分的口香糖，结果这使他赚得数以百万计的利润。

爱迪生专注于调和自然法则的工作，并努力贡献出比其他人更多、更有用的发明。

杜何帝专心于建造及经营公用事业工厂，并成为一名百万富翁。

英格索致力于生产廉价手表，终于使全世界充满各式各样的手表，也使他获得了大笔财富。

史塔勒专心于经营“亲切服务的旅馆”，使他成为富翁，也使得住进他旅馆的几百万房客大感满意。

巴尼斯专心于销售爱迪生牌语音机，他在年轻时就宣布退休，那时他已经为自己赚了用不完的钱。

威尔逊专心于问鼎白宫长达 25 年之久，最后终于成为白宫的主人，这应感谢他深深懂得坚持一项“明确的主要目标”的价值。

只有一只手表，可以知道是几点，拥有两只或者两只以上的手表，却无法确定是几点，两只手表并不能告诉一个人更准确的时间，反而会让看表的人失去对准确时间的信心，这就是著名的手表定律。

手表定律带给我们这样一个启示：对于一个企业来说，不能同时采用两套管理方法，否则，这个企业将陷入一片混乱。同样，一个人也不能同时为自己设置两个目标，否则他将会觉得无所适从。因此，如果确定的目标被证明是正确的，那就应该像卫星导航船一样，坚定不移地为目标而奋斗。风平浪静时，卫星导航船将一直朝着它要到达的港口航行。风起云涌时，卫星导航船在狂风暴雨中也会一直坚持它的航线。卫星导航船在海中航行时永远只会看到一样东西，那就是它所要到达的港口。不管天气怎么样，或者它遇到什么样的困难，它到达港口的时间会在几小时内就被预测出来。一艘想到达波士顿的船绝对不会在纽约出现。

学会拒绝，一次只做好一件事

如果你不会说“不”，不会拒绝别人的话，那么你将为自己招揽很多的事，这样你就无法专注于自己的要事。一个人的时间是有限的，而且你也有自己的本职工作，因此，你应该学会说“不”，将主要精力放在自己认为是最重要的事情上。

一些员工在工作中每天都忙忙碌碌，但他并没有做出什么很有效的成绩，这是为什么呢？其中有一个很重要的原因就是他们不懂得拒绝，大事小事统统全包，不分先后，不知道做好协调，只要别人一开口，他就会忙前忙后的忘了更重要的事情，最后丢了西瓜专拣芝麻。

迈克就是这类人中的一个典型代表。

迈克是一家保险公司的业务员，有一天，他和客户约好在一家茶楼里谈业务，他用尽浑身解数给这位客户介绍了业务内容，但是这位客户好像诚意不太大，心不在焉地喝可乐，好像根本就没有听进去。

迈克知道他是搞电脑硬件销售的，而迈克在大学学的就是电脑，他就转移话题大谈当今电脑硬件在市场上遇到的普遍问题。结果把对方的兴趣提了上来，最后两个人约定下个星期再见面，正式签单。

迈克非常兴奋，到了那天，早早地就准备好了一切相关的材料，然而这时他的手机响了，是他的主管说有个多年没有联系上的大学同学要来，让迈克帮忙去机场接一下机，而主管自己没有时间。

迈克觉得这是主管交代的事，自己应该帮忙，再说时间还早，于是他就答应了。

由于堵车，等他从机场回来，客户早就走了，迈克痛失了一单历经千辛万苦才谈下来的保单。

学会拒绝才能专注于要事。人的精力是有限的，一次只能做好一件事，无论做什么事情，我们首先要清楚自己最重要的事情是什么，然后排除一切干扰，集中精力做好这些事情。

然而对于许多人来说，拒绝别人的要求似乎是一件非常困难的事情。拒绝的技巧是一项非常重要的沟通能力。在决定你该不该答应对方的要求时，应该先问问自己："我想要做什么""不想要做什么"或是"什么对我才是最好的"。一个做事目的性强的人要懂得说"不"的艺术。

拒绝是保障自己行事优先次序的最有效手段。下面我们列出几条拒绝别人的技巧，供大家参考：

（1）要耐心倾听请托者所提出的要求。

（2）如果你无法当场决定接纳或拒绝请托，则要明确地告诉请托者你要考虑的时间到底有多长。

（3）拒绝接纳请托应显示你对请托者的请托已给予慎重的考虑，并显示你已充分了解到请托者事项重要性。

（4）拒绝接纳请托在表情上应和颜悦色。

（5）拒绝接纳请托者应显露坚定的态度。

（6）拒绝接纳请托者最好能对请托者表明拒绝的理由。

（7）要令请托者了解你所拒绝的是他的请托，而不是他本人。

（8）拒绝接纳请托之后，如有可能你应为请托者提供处理其请托事项的其他可行途径。

（9）切忌通过第三者拒绝一个人的请托，因为一旦这么做，不仅足以显示你的懦弱，而且在请托者心目中会认为你不够诚意。

学会拒绝的另一条很重要的原则是要慎许承诺；否则你就会被很多额外的事情占去自己的精力，甚至到最后落得一个别人和自己都不满意的结局。

某高校一个系主任向本系的青年教师许诺说，要让他们中2/3的人评上中级职称。但当他向学校申报时，出了问题。学校不能给他那么多名额，他据理力争，跑得腿酸，说得口干，还是不能解决问题。他又不愿把情况告诉系里的教师，只对他们说："放心，放心，我既然答应了，一定要做到。"

最后，职称评定情况公布了，众人大失所望，把他骂得一钱不值。甚至有人当面对他说："主任，我的中级职称呢？你答应的呀！"而校领导也批评他是"本位主义"。从此，他既在系里的信誉扫地，也在校领导面前失去了好感。

许多诺言是否能兑现，不只是取决于主观的努力，还有一个客观条件的影响。有些照正常的程序可以办到的事，后来因为客观条件起了变化，一时办不到，这是常有的事。在系主任这个故事中，事实上客观情况已明摆，根本不可能有2/3的人都能评上中级职称，即使你跑断了腿，也是徒劳，所以不能乱许诺言。

中华民族有一个古老的传统，那就是重誉和守信。“大丈夫一言既出，驷马难追”“言必信，行必果”，一直被世人奉为处世的宝典。然而世事无绝对，凡事都应该灵活处理，有时候，“言必信，行必果”是行不通的，因为生活中有许多事是超出个人能力的。这时候一个人如果死守承诺，不知变通，只会惹得别人和自己都不满意。

系主任的故事给我们这样一个启示：在我们的生活中不要轻率许诺。有些人口头上对任何事都“没问题”“一句话”“包在我身上”地一口承诺。这种把承诺视作儿戏，是对朋友不负责任的行为，只会给别人带来麻烦，为自己的生活与工作带来不必要的压力。

执行任务时要专注于心

戴尔电脑公司的创立者戴尔·迈克尔在一次职工大会上告诫员工说：“专注，具有神奇的力量。它是一把打开成功大门的神奇钥匙！它能打开财富之门，它也能打开荣誉之门，它还能打开潜能宝库的大门。在这把神奇之钥的协助下，我们已经打开了通往世界各种伟大发明和成功的秘密之门。”

王科是广东一家电器公司的董事长、总经理，一个年仅30岁的亿万富翁。翻开他成功的简历，人们不难发现，目前中国许多成功企业家所拥有的经历，在他身上也能发现：白手起家，从打工仔到跑营销再到自己当老板、办实业。

他初到广东打工时，就懂得踏踏实实做事的重要性。在工厂里，他心无旁骛，只知道低头做好自己的工作。一次，工厂的老板来巡视，王科没有像其他工人那样抬头观看，而是一心一意专注于自己的工作。正是他的这种埋头苦干、专注的态度为他赢得了机遇。不久，他就得到赏识，获得了提拔。也就从那时起，他开始与外面有了沟通，能力也得到了提高，从场务管理做到业务主管，知识和经验越来越丰富，此后逐步走向成功。

执行任务时专注于心，是一个员工纵横职场的良好品格。一个人不能专注自己的工作，是很难提高工作效率的。

职场上成千上万的失败者，并不是因为他们没有才干，实在应该归咎于他们不肯集中精力专注地去做最应该做的工作，他们过于分散自己的精力，而且从未顿悟。其实，如果把那些七零八碎的欲望消除，用自己所有的精力去培植一朵花，那么它将来一定会结出令你惊讶的十分美丽丰硕的果子。无论发生什么，一定要锁好你的心，让它关注应该关注的地方。

1832年1月，“贝格尔”号停泊在大西洋佛得角群岛的圣地亚哥港，水手们背着背包去考察海水的流向，达尔文和他的助手也出去搜集矿物标本。

一路上，达尔文把各式各样的石头敲下来放进背包，装满石头的背包异常沉重，一会儿累得他出了一身汗，背包带还深深的勒进他的肩膀里，但是他好像丝毫没有感觉，仍然沉浸在满载而归的喜悦之中。

路经一座树林，达尔文又被一棵老树吸引住了。突然，他发现，在将要脱下的树皮上有虫子在动。此刻，他的心情就像哥伦布发现新大陆一样兴奋。他急急忙忙剥开树皮，捉出两只奇特的甲虫，兴奋地把它们抓在手里，仔细观察。

正在这时，树皮里又跳出一只甲虫。他更兴奋了，就急忙把手中的一只甲虫塞进嘴里藏起来，腾出手来再去捉另外一只甲虫。

看着这些奇怪的甲虫，达尔文爱不释手，竟把藏在嘴里的那只甲虫给忘记了。那只虫子在他嘴里被憋得实在受不了，就释放出一股毒辣的汁液，把他的舌头蜇得又麻又痛，这才让他从那种忘我的兴奋中想起嘴里的那只甲虫，连忙吐出来。后来，人们为了纪念达尔文，就把他发现的这种虫子命名为“达尔文”。

因为对生物学的执着，使达尔文在研究时常常处于一种如痴如醉的状态，这正是他能成功的一个最重要的原因。当你全心全意地专注于一件事时，你的效率就会节节攀升。

执行任务时，只有专注于心，才能全力以赴，才能接近成功的目标。工作中拥有专注的心态是一个人走向成功之路必备的先决条件。如果上班做事时脑子里还想着球赛、彩票、电影、股票等一些与工作无关的东西，连最基本的专注都做不到，何谈注意到工作的各个流程，更不用说使自己出色，成为企业不可或缺的支柱了。

第五章　迈步才能进步，成功源于高效执行

成功始于想法，更始于行动

曾有一位负责一个大规模零售部门的经理人员去见史华兹博士。

他很苦恼地说道："我怕会失去工作了。我有预感我很快就会离开这家公司。"

"为什么呢？"

"因为统计资料对我不利。我这个部门的销售业绩比去年降低了7%，这实在很糟糕，特别是全公司的总销售额增加了6%。而最近我也做了许多错误的决策，商品部经理好几次把我叫去，责备我跟不上公司的进展。"

"我从未有过这样的光景。"他继续说，"我已经丧失了掌控局面的能力，我的助理也感觉出来了。其他的主管也觉察到我正在走下坡路，好像一个快淹死的人，这一群旁观者站在一边等着看我一点一点没顶。"

这位经理不停地陈述种种困局，最后史华兹博士打断他的话问道："你采取了什么措施，你有没有努力去改善呢？"

"我希望会有转机，可我已经无能为力了。"

"只是希望就够了吗？"史华兹博士停了一下，没等对方回答又接着问："为什么不采取行动来支持你的希望呢？"

"我应该怎么做呢？"他问。

"有两种行动似乎可行。第一，今天下午就想办法将那些销售数字提高。这是必须采取的措施。你的营业额下降一定有原因，

把原因找出来。你可能需要来一次廉价大清仓，好买进一些新颖的货色，或者重新布置柜台的陈列，你的销售员可能也需要更多的热忱。我并不能准确指出提高营业额的方法，但是总会有方法的。最好能私下与你的商品部经理商谈，他也许正打算把你开除，但假如你告诉他你的构想，并征求他的意见，他一定会给你一些时间去进行。只要他们知道你能找出解决之道，他们是不会换掉你的。”

史华兹博士继续说：“还要使你的助理打起精神，你自己也不能再像个快淹死的人，要让你四周的人都知道你还活得好好的。”

这时他的眼神又露出勇气。

然后他问道：“你刚才说有两项行动，第二项是什么呢？”

“第二项行动是为了保险起见，去留意更好的工作机会。我并不认为在你采取肯定的改善行动，提升销售额后，工作到底能不能保住。但是骑驴找马，这样比等到失业了再找工作容易10倍。”

没过多久，这位一度遭受挫折的经理打电话给史华兹博士。

“我们上次谈过以后，我就努力去改变。最重要的步骤就是改变我的销售员。我以前都是一周开一次会，现在是每天早上开一次，我真的使他们又充满了干劲，大概是看我有心改革，他们也愿意更努力。

“成果当然也出现了，我们上周的营业额比去年同期高很多，而且比其他部门的平均业绩也好很多。”

“哦，顺便提一下，”他继续说，“还有个好消息，我们谈过以后，我就得到两个工作机会。我当然很高兴，但我都回绝了，因为这里的一切又变得十分美好了。”

只有行动才会产生效果，塞缪尔·斯迈尔斯认为要想成功就要知道成功的人都采取什么样的行动。有许多人这么说“成功始于想法”。但是，只有想法，却没有付诸行动，是不可能成功的。

在美国经济大萧条最严重时，多伦多有位年轻的艺术家，他全家靠救济金过日子，那段时间他急需用钱。此人精于木炭画，他画得虽好，但时局太糟了。他根本无法发挥他的才能，尤其在那种艰苦的日子里，哪有人愿意买一个无名小卒的画呢？

他可以画他的邻居和朋友，但他们也一样身无分文。唯一可能的市场是在有钱人那里，但谁是有钱人呢？怎样才能接近他们呢？

他为此苦苦思索，最后他来到多伦多《环球邮政》报社资料室，从那里借了一份画册，其中有加拿大一家银行总裁的肖像。他回到家，开始画起来。

他画完了像，然后放在相框里。画得不错，他对此很自信。但怎样才能交给对方呢？

他在商界没有朋友，所以想请别人引见是不可能的。但他也知道，如果想办法与那位总裁联系，肯定会被拒绝。写信要求见他，但这种信可能通不过这位大人物的秘书那一关。这位年轻的艺术家对人性略知一二，他知道，要想穿过总裁周围的层层阻挡，必须投其对名利的爱好。他决定大着胆子采用独特的方法去试一试，即使失败也比主动放弃强。

他梳好头发，穿上最好的衣服，来到这位总裁的办公室要求见面谈，但秘书告诉他：“事先如果没有约好，想见总裁不太可能。”

“真糟糕，”年轻的艺术家说，同时把画的保护纸揭开，“我只是想拿这个给他瞧瞧。”秘书看了画，把它接了过去，她犹豫了一会儿后说道：“坐下吧，我马上就回来。”

一会儿，秘书回来了。“总裁想见你。”她说。

当艺术家进去时，总裁正在欣赏那幅画。“你画得棒极了！”结果，总裁以很高的价钱买了这幅画。

想想看，如果那位画家不采取行动，也许他这一辈子都不可能听到总裁对他的赞赏。

做一件事情，如果你采取了行动，那么你就有50%成功的概率，但如果你不采取行动，成功的概率只能为零。

目的是没有界限的，而真正的界限是：你是继续前进，还是停滞不前，或者直接放弃。问题的关键是，无论你的目标是什么，你都应该用行动把你的目的不断向前推进。

所以，要想获得成功，取得最出色的工作效果，你就得积极地行动起来！把你的想法付诸行动，你会发现成功原来这么简单，只需要你迈出行动的第一步。

不到位，一切都是空谈

在一标准大气压下，水温升到99℃，还不是开水，其价值有限；若再添一把火，在99℃的基础上再升高1℃，就会使水沸腾，并产生大量水蒸气来开动机器，从而获得巨大的经济效益。100件事情，如果99件事情落实了，一件事情未落实到位，而这一件事就有可能对某一单位、某一团队、某个人产生百分之百的影响。

我们工作中出现的问题，的确只是一些细节、小事落实得不完全到位，而恰恰是这些细节的落实不到位，又常常会造成较大影响。对很多事情来说，执行上的一点点差距，往往会导致结果上出现很大的偏差。很多执行者工作没有落实到位，甚至相当一部分人做到了99%，就差1%，但就是这点细微的区别使他们在事业上很难取得突破和成功。

追求完美会让我们工作起来疲于奔命，似乎永远看不到最终的目标。可是它对职场中的人来说很重要，自我满足就意味着停滞不前，一旦一个人自以为工作做得很出色了，他就会故步自封，难以突破自我，从而逐渐找不到自己的位置。

要想让自己真正忙出成绩，就要随时思考，进而改进自己的工作。如果工作落实不到位，那么一切都是空谈。

有一次，希望集团总裁刘永行去一家韩国面粉企业参观。然而就是这次普通的参观，给他很大的刺激，回国后好几个晚上都难以入眠。

这家面粉厂属于西杰集团，每天处理小麦的能力是1500吨，却只有66名雇员。一个只有几十名员工的小厂，其工作效率之高令刘永行惊叹不已。在国内，相同规模的企业一般日生产能力只有几百吨，而员工人数却高达上百人。250吨日处理能力的工厂也有七八十名员工，日生产能力却仅有韩国工厂的1/6。

为了弄清楚其中的奥秘，刘永行与这家工厂的管理层进行了深入的交谈，了解到他们也在中国投资办过厂。当时的日处理能力为250吨，员工人数却高达155人。同样的投资人，设在中国的工厂与韩国本土生产效率居然相差10倍之遥，效益自然也不会太理想，磨合了一段时间，觉得没有改善的可能性，就将工厂关闭了。

两家工厂的效率为什么有如此大的差距呢？是设备的先进程度不同还是管理方法有差别？当然都不是，韩国本土工厂是20世纪80年代投入生产的，而与中国的合资厂却是在90年代建设起来的，设备比原来的还先进。工厂的主要管理层基本上是韩国人。恰好，刘永行遇到了那位曾在中国负责的韩国厂长。

怀着极大的好奇心，刘永行特意请教这位厂长：“为什么同样的设备、同样的管理，设在中国的工厂却需要雇佣那么多员工呢？”

那位厂长回答很含蓄：“也许是中国人做事落实不到位吧。”而正是这么一句轻描淡写的话，却让刘永行回国后彻夜难眠。他知道，当着一群中国企业家的面，那位厂长的话已经是十分客气了。在这句平淡的话背后，一定藏有许多难言之隐，一定有许许多多不为人知的管理问题。

仔细想一想，与韩国人相比，中国人做事的态度无疑与之存在很大的差距。韩国人做事总是手脚不停，无论是工人还是管理人员，手头的工作做完了，就一定安排别的事情，他们是一专多能。而在中国大部分企业中，人们还存在把自己的事情做得差不多就够了的想法，所以我们的效率就低了。

也许对待一份工作只是差那么一点点，但它离完美是遥不可及的。

老板要提拔一名员工，当然要挑选办事稳妥、迅速周到的人。他们绝对不会看中那些拖拉懒惰，做事总是留下后遗症而必须经人东修西改的人，他们最满意的人，做起事来必须有条不紊、不辞辛劳。

要么你做好，要么你就别做。也许你也见过那些半截工程，耗费了大量的人力、物力和财力，到最后仍然不能竣工，不能入住，这不得不让人感叹。这就是做事落实不到位的典型代表。

一个人成功与否在于他是不是做什么都力求做到最好。成功者无论从事什么工作，他都绝对不会轻率疏忽。因此，在工作中，你应该以最高的规格要求自己。能做到最好，就必须做到最好，能完成100%，就绝对不只做99%。只要你把工作做得比别人更完美、更快、更准确、更专注，动用你的全部智力，就能引起他人的关注，实现你心中的愿望。

高效落实：一分钟也别拖延

对一个渴望有所成就的人来说，拖延是最具破坏性的，它是一种最危险的恶习，它使人丧失进取心。一旦遇事开始拖延，就很容易再次拖延，直到变成一种根深蒂固的习惯。

拖延会侵蚀人的意志和心灵，消耗人的能量，阻碍人潜能的发挥。处于拖延状态的人，常常陷于一种恶性循环中，这种恶性循环就是："拖延——低效能工作＋情绪困扰——拖延"。

今天该做的事拖到明天完成，现在该打的电话等到一两个小时以后才打，这个月该完成的报表拖到下个月，这个季度该达到的进度要等到下一个季度。凡事都留待明天处理的态度就是拖延，这是一种明日待明日的坏习惯。

令人懊恼的是，我们每个人在工作中都或多或少、或这样或那样地拖延过。拖延的表现形式多种多样，其轻重也有所不同。比如：琐事缠身，无法将精力集中到工作上，只有被上司逼着才向前走，不愿意自己主动去落实工作；反复修改计划，有着极端的完美主义倾向，该实施的行动被无休止的"完善"所拖延；虽然下定决心立即行动，但总是找不到行动的方法；做事磨磨蹭蹭，有着一种病态的悠闲，以至问题久拖不决；情绪低落，对任何工作都没有兴趣，也没有什么憧憬。

喜欢拖延的人往往意志薄弱，他们或者不敢面对现实，习惯于逃避困难，惧怕艰苦，缺乏约束自我的毅力；或者目标和想法太多，导致无从下手，缺乏应有的计划性和条理性；或者没有目标，甚至不知道应该确定什么样的目标。另外，认为条件不成熟，无法开始行动也是导致拖延的原因之一。我们常常因为拖延时间而心生悔意，然而下一次又会惯性地拖延下去。三番五次之后，我们竟视这种恶习为平常之事，以至于漠视了它对工作的危害。

事实上，拖延绝对不是一种无所谓的耽搁。一个公司很有可能因为短暂的拖延而损失惨重，这并非危言耸听。1989 年 3 月 24 日，埃克森公司的一艘巨型油轮在阿拉斯加触礁，原油大量泄漏，给生态环境造成了巨大破坏，但埃克森公司迟迟没有做出外界期待的反应，以致引发了一场“反埃克森运动”，甚至惊动了当时的布什总统。最后，埃克森公司总损失达几亿美元，形象严重受损。

无论是公司还是个人，没有在关键时刻及时做出决定或行动，而让事情拖延下去，这会给自身带来严重的伤害。那些经常说“唉，这件事情很烦人，还有其他的事等着做，先做其他的事情吧”的人，总是奢望随着时间的流逝，难题会自动消失或有另外的人解决它，我们须知这不过是自欺欺人。不论他们用多少种方法来逃避责任，该做的事，还是得做。而拖延则是一种相当累人的折磨，随着工作完成期限的迫近，工作的压力反而与日俱增，这会让人觉得更加疲惫不堪。拖延并不能使问题消失，也不能使解决问题变得容易起来，而只会使问题加剧，给工作造成严重的危害。我们没解决的问题，会由小变大、由简单变复杂，像滚雪球般越滚越大，解决起来也越来越难。而且，没有任何人会为我们承担拖延的损失，拖延的后果可想而知。

避免拖延的唯一方法就是“现在就做”。面对空白的纸和计算机屏幕对我们而言很具有挑战性，开始是最困难的工作，但必须开始。一旦开始，行动无限，结果多彩，令人喜悦。

接到新的工作任务，就立即切实地行动起来。诸如“再等一会儿”“明天开始做”这样的语言或者这种心理意念，一刻也不能在我们的心里存在。马上列出自己的行动计划，去做！从现在就开始，立即去做自己一直在拖延的工作。如此一来，我们就会发现拖延毫无必要，而且还可能会喜欢上自己一拖再拖的这项工作，从而不想拖延，逐渐消除拖延的烦恼。

许多人做事总喜欢等到所有的条件都具备了再行动，殊不知，良好的条件是等不来的，工作中很少有万事俱备的时候。我们不太可能等外部条件都完善了再开始工作，但就是在这种既定的环境中，就是在现有的条件下，我们同样可以把事情做到极致！行动可以创造有利条件。只要做起来，哪怕很小的事，哪怕只做了五分钟，也是一个好的开端，就能带动我们着手做好更多的事情。

人最容易也最经常拖延那些需长时间才能显现出结果的事情，因此不论事情大小，都不要放任自己无限期地去拖延。拟定一个落实工作的期限，给自己施压，并让身边的人都知道我们的期限，让他们监督我们如期完成。

的确，立即行动有时很难，尤其在面临一件很不愉快的工作或很复杂的工作时，你常常有一种不知从何处下手的困惑。但你不应总是选择拖延作为你逃避的方式，如果你觉得工作很复杂，可以运用切香肠的技巧来解决。所谓切香肠的技巧，就是不要一次性吃完整根香肠，而是把它切成小片，一小口一小口地慢慢品尝。同样的道理也可以用在你的工作上：先把工作分成几个小部分，分别详细地列在纸上，然后把每一部分再细分为几个步骤，使得每一个步骤都可以在短时间内完成。

需要注意的是，每次开始一个新的步骤时，不完成，绝对不离开工作区域。如果一定要中断的话，最好是在工作告一段落时。有时，你拖延一项工作，并不是因为整个工作都让你感到不快，仅仅是因为你讨厌其中的一部分。如果是这种情况，就应先做你讨厌的那部分。

歌德说得好："只有投入，思想才能燃烧。一旦开始，完成在即。""绝不拖延，立即行动！"这句话是最惊人的自动启动器。任何时候，当你感到拖延的恶习正悄悄地向你靠近，或当此恶习已迅速缠上你，使你动弹不得时，你都需要用这句话来警醒自己，在一分钟内动起来。

不必等到完美时

日本人仓内天心所写的《茶之书》中，有这么一则有趣的故事：

茶师千利休看着儿子少庵打扫庭园。当儿子完成工作的时候，茶师却说"不够干净"，要求他重做一次。于是，少庵又花了一个小时扫园。然后，他说："父亲，已经没事可做了。石阶洗了三次，石凳也擦拭了多遍，树木也洒过了水，苔藤上也闪耀着翠绿，没有一枝一叶留在地面。"茶师却训斥道："傻瓜，这不是打扫庭园的方法，这像是洁癖。"说着，他步入园中，用力摇动一棵树，抖落一地金色、红色的树叶。茶师说："打扫庭园不只是要求清洁，也要求美和自然。"

千利休其实是告诫儿子，做事苛求绝对完美的心态与做法，不仅违背自然，也往往使我们离完美更远。

英国杰出的科学家巴贝吉是电子计算机研究的先驱者。他研制成功了一种能计算多项式的机器——差分机，提出了计算机自动运算的思想，为后人留下了宝贵的计算机设计图纸和手稿。

他有很高的天分。刚进大学，他在数学上的造诣就超过了数学教授。他对数学有特殊的敏感，图形给他以美感，数字给他以欢乐。

他从一个梦中得到启发，制造出了一台计算多项式的差分机。他从自动提花机中得到启示，提出用穿孔卡片的方法给计算机下达指令。这种让机器自动运算的卓越思想，是现代计算机的灵魂。

但是，他孜孜不倦地研究了几十年，终其一生，只造出了一台小型差分机。他曾全力从事大型差分机的研究工作，耗费了银行家父亲留给他的大笔遗产，也耗费了英国政府给他的大笔资助，最终却没有研制成功。他从事解析机的研制工作长达40年，最后也没有实现自己的理想。除了留下画有几百万个零件的图纸和一大堆科学史家可能感兴趣的笔记外，他始终没有造出一台真正的计算机。就研制“自动计算的机器”这个目标而言，他是一个不幸的失败者。

他不是造不出来，瑞典人中茨在巴贝吉的基础上，用两年的时间就造出了一台差分机。这台机器在巴黎展览会上获得了金奖。这说明，巴贝吉完全有可能设计并制造出有计算能力的机器来。

巴贝吉的失败有自身的原因。巴贝吉是个理想主义者，他对大型差分机的设计，完善了还要再完善，修改了还要再修改，改进了还要再改进。

每一次，他的修改还没有完，他便又产生了新的想法，制定新的目标，又开始研制更高级的解析机。初战没有告捷，就又摆开阵势，开辟规模更大，任务更加艰巨的第二战场。

第二战场还没有打响，新思想又开始在大脑中酝酿，思想如一匹永不停蹄的快马，不断地向前冲锋，而丝毫不顾及辎重部队和主力队伍还远远地落在后面。他的战线拉得大长，而精力、财力是有限的。

他设计的机器远远地超过了当时的技术能力，他的目标远远地超出了自己的精力和财力。因此，他的设计虽然相当出色，但是机器始终没有造出来。

巴贝吉的故事带给我们这样一个启示：如果凡事都想等考虑得很完美以后才愿意付诸行动，那么往往会影响我们做事的效率和结果。

中国有句古话叫作“秀才造反，三年不成”。

为什么会“三年不成”呢？有人归结为胆小，有人归结为背景不足。其实关键往往是思考得太多、太复杂！

秀才都思考些什么？可能有以下几个方面。

第一，“造反”开始入手如何筹备，谁出钱谁出力？兵器打造准备了多少，够不够用？先攻哪里，再攻哪里？如果攻不下怎么办？攻不下又分好几种情况，出现不同的情况又怎么办？如果被官兵事先发觉了怎么办？如果家属受到牵连怎么办？粮草辎重的供给怎么办？如果……

第二，“造反”取得小胜后，如何稳固根基？怎样安排家属随军？如何安抚民心？谁负责哪一块，能不能做好？如果官军派大军来围剿，怎么打？打得过怎么样，打不过又怎么样？如果造反一开始就失败了，怎么脱身？被抓住了又怎么应付……

第三，“造反”成功后成果如何分配？推举谁为首领？每个人各担任什么职务？以后加入的人怎么分配成果？推行什么样的政策？怎么处置抓获的达官贵族？在什么地方定都，可供选择的几个大城市又各有哪些利弊？首领去世后推举谁为下一位领袖、谁来辅佐……

脑海里有太多的“如果”“怎么办”，八字还没一撇，连后面的所有计划恨不得都事先想好了，到时候按部就班地去做。这种追求完美的做法，往往会影响到我们做事的效率和计划地执行。工作中我们应当追求“完成主义”而非“完美主义”，一个周详的计划固然重要，但我们也不能因为过于追求完美决策而忽略了行动。

打造有效执行力

喜欢足球的朋友都知道，德国国家足球队向来以作风顽强著称，因而在世界赛场上成绩突出。德国足球队成功的因素有很多，但有一点是不容忽视的，那就是德国队队员在贯彻教练的意图、完成自己位置所担负的任务方面执行得非常得力，即使在比分落后或全队困难时也一如既往、全力以赴。你可以说他们死板、机械，也可以说他们没有创造力，不懂足球艺术。但成绩说明一切，至少在这一点上，作为足球运动员，他们是优秀的，因为他们身上流淌着执行力文化的特质。无论是足球队还是企业、一个团队、一名队员或员工，如果没有有效的执行力，就算有再多的创造力也不可能取得好的成绩。

巴德森是美国橄榄球运动史上一位伟大的橄榄球队教练。在他的带领下，美国绿湾橄榄球队成了美国橄榄球史上最令人传奇的球队，创造出了令人难以置信的成绩。看看巴德森的言论，就能让我们对执行力有更深刻的理解。

巴德森告诉他的队员：“我只要求一件事，就是胜利。如果不把目标定在非胜不可，那比赛就没有意义了。不管是打球、工作、思想，一切的一切，都应该‘非胜不可’。”“你要跟我工作，”他坚定地说，“你只可以想三件事：你自己、你的家庭和球队，按照这个先后次序。”“比赛就是不顾一切，你要不顾一切拼命地向前冲。你不必理会任何事、任何人，在接近得分线的时候，你更要不顾一切。没有东西可以阻挡你，即使是一辆战车或一堵墙，无论对方有多少人，都不能阻挡你，你要冲过得分线！”正是有了这种坚强的意志和顽强的信心，绿湾橄榄球队的队员们拥有了有效的执行力。在比赛中，他们的脑海里除了胜利还是胜利。对他们而言，胜利就是目标，为了目标，他们奋勇向前，锲而不舍，没有抱怨，没有畏惧，没有退缩。正是这种近乎完美的执行精神，使他们成为所有渴望在工作中有所成就的人的榜样。

那么，我们该如何打造有效的执行力呢？在工作中，我们要尽量养成以下三个习惯：

1. 用心去做

要取得好的执行效果，关键是要用心去做。以发生在商场的一个小场景为例：一位消费者在大卖场的货架前徘徊，想找一瓶高蛋白含量的奶粉，他看到一位服务人员在另一边整理货架。

“您好，我想找一罐高蛋白含量的奶粉，请问可以在哪里找到？”

服务人员的反应可能有下列几种：

第一种：理都不理消费者，继续整理货架。

第二种：瞄消费者一眼，冷冷丢出一句话“不知道”。

第三种：客气地回答消费者“请你走到第三个货架，左转到横排第五个矮柜，走过去第八个篮子，你就可以看到奶粉专柜”。

第四种：服务人员立即停下手中的工作，聆听他描述产品，随即带他到奶粉货架，拿下一种销量较好的高蛋白奶粉递给他，同时说：“我想您挑选蛋白含量高的奶粉，应该是想让您的宝宝长得更结实，我再推荐另外一种高钙的产品给您试试，可以让您的宝宝更健康。”

对工作专注用心是做好任何事情的前提条件，我们在执行工作任务时，要先把心思集中到如何快速、高效完成任务的重要目标上来。

2. 提高速度

执行力高低的一个衡量尺度是是否快速行动，因为速度现在已经成为决定成败的关键因素。当然快与慢是辩证的，快速执行并不是要求你为了达到目标而不计后果，也不允许任何人为了抢速度而降低工作的质量标准。迅捷源自能力，简捷来自渊博。一个人要快速执行首先要建立在强大的思维能力基础之上。一名执行力强的人能够不断探寻业务模式和事物的因果关系，能够不断尝试从新的角度（同事角度、客户角度、竞争对手角度、公司角度、创造性角度）看问题。

3. 注重团队协作

我们的工作不是孤立的。要出色地完成上司交代的工作，就得依靠团队协作。一个高效的执行者是不会单枪匹马地闯荡的，他会协同团队共同完成任务。

在执行的过程中，团队精神主要包含四个方面：

（1）同心同德：组织中的员工相互欣赏，相互信任，而不是相互瞧不起，相互拆台。员工应该发现和认同别人的优点，而不是突显自己的重要性。

（2）互帮互助：不仅是在别人寻求帮助时提供力所能及的帮助，还要主动帮助同事。反过来讲，我们也能够坦诚地接受别人的帮助。

（3）奉献精神：组织成员自愿为组织或同事付出额外努力。

（4）团队自豪感：团队自豪感是每位成员的一种成就感，这种感觉集合在一起，就凝聚成战无不胜的战斗力。

下篇

拥有好心态，让生命充满正能量

第一章 塑造积极心态，激发生命正能量

投入积极的领域，发挥自己的潜能

人生下来不是为了抱着锁链，而是为了展开双翼。

有时候，限制我们走向成功的，不是别人拴在我们身上的锁链，而是我们自己为自己设置的那个局限。高度并非无法超越，只是我们无法超越自己思想的限制，没有人束缚我们，只是我们自己束缚了自己，才让自己裹足不前。

1968 年，在墨西哥奥运会的百米赛场上，美国选手海恩斯撞线后，激动地看着运动场上的计时牌。当指示器打出 9.9 秒的字样时，他摊开双手，自言自语地说了一句话。

后来，有一位叫戴维的记者在回放当年的赛场实况时再次看到海恩斯撞线的镜头，这是人类历史上第一次在百米赛道上突破 10 秒大关。看到自己破纪录的那一瞬间，海恩斯一定说了一句不同凡响的话，但这一新闻点，竟被现场的 400 多名记者疏忽了。

因此，戴维决定采访海恩斯，问问他当时到底说了一句什么话。

戴维很快找到海恩斯，问起当年的情景，海恩斯竟然毫无印象，甚至否认当时说过什么话。

戴维说："你确实说了，有录像带为证。"

海恩斯看完戴维带去的录像带，笑了。他说："难道你没听见吗？我说：'上帝啊，那扇门原来是虚掩的。'"

谜底揭开后，戴维对海恩斯进行了深入采访。

自从欧文斯创造了10.3秒的成绩后，曾有一位医学家断言，人类的肌肉纤维所承载的运动极限，不会超过每秒10米。

海恩斯说："30年来，这一说法在田径场上非常流行，我也以为这是真理。但是，我想，自己至少应该跑出10.1秒的成绩。每天，我以最快的速度跑5公里，我知道百米冠军不是在百米赛道上练出来的。当我在墨西哥奥运会上看到自己9.9的纪录后，惊呆了！原来，10秒这个门不是紧锁的，而是虚掩的，就像终点那根横着的绳子一样。"

后来，戴维撰写了一篇报道，填补了墨西哥奥运会留下的一个空白。不过，人们认为它的意义不限于此，海恩斯的那句话，为我们留下的启迪更为重要。

命运的门总是虚掩的，它会给我们留下一道开启的缝隙，可是我们宁愿相信那是一堵不可穿越的墙。于是，我们独特的创意被自己抹杀，认为自己无法成功致富；告诉自己，难以成为配偶心目中理想的另一半；无法成为孩子心目中理想的父母、父母心目中理想的孩子。然后，开始向环境低头，甚至开始认命、怨天尤人。

这一切不过是我们心中那条系住自我的铁链在作祟罢了。或许，你必须耐心静候生命中突降一场大火，逼得你非得选择挣断链条或甘心遭大火席卷。或许，你将幸运地选择前者，在挣脱困境之后，语重心长地告诫后人，人必须经苦难磨炼方能成长。

美国著名的高空走钢索表演者瓦伦达在一次重大的表演中，不幸失足身亡。他的妻子在事后说："我知道这一次一定会出事，因为他上场前总是不停地说'这次太重要了，不能失败，绝对不能失败'。而以前每次成功表演，他只想着走钢索这件事本身，而不去管这件事可能带来的一切后果。"从这件事中，人们认识到要专心致志于事情本身而不去用管这件事的意义。心理学家把这种为了达到一种目的总是患得患失的心态，叫作“瓦伦达心态”。

格罗根指出：“无论做什么事情，开始时，最为重要的是不要让那些爱唱反调的人破坏了你的理想。”美国斯坦福大学的一项研究也表明，人脑里的某一图像会像实际情况那样刺激人的神经系统。比如，当一个高尔夫球手击球时一再告诉自己不要把球打进水里时，他的大脑里往往就会出现球掉进水里的情景，而结果往往是球真的掉进水里。这项研究从另一个方面证实了“瓦伦达心态”。

“先投入战斗，然后再见分晓。”拿破仑说。只有行动起来，才能让我们忘却焦虑、紧张。

其实，面对人生，你还有一种不同的选择。你可以当机立断，运用我们内在的能力，立即挣开消极习惯的捆绑，改变自己所处的环境，投入另一个崭新的积极领域中，使自己的潜能得以发挥。

你愿意静待生命中的大火？甚至甘心遭它席卷，低头认命？抑或立即在心境上挣开环境的束缚，获得追求成功的自由？

这项慎重的选择，当然得由你自行决定。

和自己赛跑，不要和别人比较

生活中有些人羡慕那些明星、名人，日日淹没在鲜花和掌声中，名利双收，以为世间苦痛都与他们无缘。这是羡慕别人的盲区，也是一些人老是羡慕别人光鲜处的原因。事实上，走进明星名人的生活，他们同样有着不为人知的辛酸。名导谢晋的儿子是弱智，美国前总统里根曾几度风光，晚年却备受不孝逆子的敲诈、虐待，戴安娜如果没有香消玉殒，几乎无人知道她与查尔斯王子那场“经典爱情”竟是那般糟糕……

俗话说，人生失意无南北，宫殿里也会有悲恸，茅屋同样也会有笑声。

只是，平时生活中无论是别人展示的，还是我们关注的，总是风光且得意的，这就像女人的脸，出门的时候个个都描眉画眼，涂脂抹粉，光艳亮丽，这全都是给别人看的。回到家后，一个个都素面朝天，这就难怪男人们感叹：“老婆还是别人的好！”于是，站在城里，向往城外，而一旦走出围城，就会发现生活其实都是一样的，有许多我们一直很在意的东西，较之别人，根本就没有什么可比性。

有位哲人说过，与他人比是懦夫的行为，与自己比是英雄。这句话乍一听不好理解，但细细品味，却也有它的道理。

所以，不要把你的生命浪费在和别人对比上，你应该跟自己的心灵去赛跑。

有这么一个故事：一青年总是埋怨自己时运不济，生活不幸福，终日愁眉不展。

这一天，遇见一位须发皆白的老人，问他：“年轻人，为什么不高兴？”“我不明白我为什么老是这么穷。”“穷？我看你很富有嘛！”老人由衷地说。“这从何说起？”年轻人问。老人没有正面回答，反问道：“假如今天我折断了你的一根手指头，给你 1000 元，你干不干？”“不干！”年轻人回答。“假如斩断你的一只手，给你 1 万元，你干不干？”“不干！”“假如让你马上变成 80 岁的老翁，给你 100 万，你干不干？”“不干！”“假如让你马上死掉，给你 1000 万，你干不干？”“不干！”“这就对了，你身上的钱已经超过了 1000 万了呀！”老人说完笑吟吟地走了。

由此看来，那些老认为自己太差的人，他们心灵的空间挤满了太多的负累，从而无法欣赏自己真正拥有的东西。

其实我们不必对自己苛求，我们又怎么知道别人一定比自己好？事实上每个人都有令人羡慕的东西，也有缺憾的东西，没有一个人能拥有世界的全部，重要的在于自己的内心感觉。那些心态平和的人也许生活中物质的享受并不比任何人好，只是他能接受自己，觉得自己好而已。

所以，要懂得欣赏自己的生活，让自己活得随心所欲。你能改变什么让自己感到愉快，那就做一些改变。不过，如果改变了以后会让自己不愉快的话，那么不管有多少人说要做，也不应该盲目去做。还有，即使你已经知道改变以后会很好，但自己却无力改变的话，也不应该勉强去做。原谅自己，欣赏自己所拥有的一切，那些让自己觉得不满意的地方，就尽量忽略它。毕竟，上帝创造不同的肤色、不同的个性的我们，是为了让我们的生活多姿多彩。所以要接受自己所谓不完美的地方，没有必要勉强自己变得完美。

所以，我们要用“和自己赛跑，不要和别人比较”的生活态度来面对生活。如果我们愿意放下身价，观摩别人表现杰出的地方，从对方的表现看出成功的端倪，收获最多的，其实还是自己。不要因与别人比华丽的服装而忽视了自己真正需要提升的东西。

与自己某个阶段所取得的小成功相比，才能更好地看到自己是不是进步了，才能更好地丈量自己的尺寸，所以一定要选好可比的标准，而且让你与可比的对象之间具备一定的联系。

生活中，那些总是抱怨自己不幸的人，不要用沉重的欲望迷惑自己，不要总是看到你还不曾拥有的东西。而要静下心来，放下心灵的负担，仔细品味你已拥有的一切。学会欣赏自己的每一次成功、每一份拥有，你就不难发现，自己竟会有那么多值得别人羡慕的地方，幸福之神已在你身边。

让积极的暗示带你走出“地狱”

暗示是意识与潜意识之间沟通的“媒介”，每个人在自己的一生中都会受到暗示的巨大影响。良好的暗示能把人带进“天堂”，消极的暗示能把人带进“地狱”。善用积极的暗示就能带来积极的作用，产生积极的效果。

一天，一位老者来到大药房买一种需要医生处方才能出售的药，老者没有医生的处方，药房当然不能卖给他。但老者赖着不走，老板无奈，只好给了老者几粒没有药性的糖衣片，同时一再告诉老者这就是他要买的药，并且对这药的功效赞不绝口。

过了几天，老者又到药房来找老板。老板吓了一跳，以为闯了大祸，战战兢兢地走出柜台。谁知老者拿出一面锦旗，感谢老板的“药”治好了他的顽症，还说了一大堆感激的话。

糖衣片怎么能治顽症？这是因为心理的因素起了作用。而这心理因素，就是“暗示”的力量。因为老者早已相信这种药能治好他的病，再加上老板对药效的肯定，糖衣片就自然变成了灵丹妙药。

“暗示”在心理学上及精神医学上占有重要地位。暗示的目的，在于左右意识，进而由意识左右行为。

生活在现实世界中，每个人都会接受各种各样的信息，其中有“明示”和“暗示”。所谓“明示”就是直截了当的指示、命令，给人以毫无疑义的确定信息；而“暗示”则加入了主体在特定环境和气氛中的个人体悟。

暗示又可分为积极的暗示即“良性暗示”和消极的暗示即“负面暗示”。暗示通过意识进入潜意识，到达心灵的深层部分。潜意识乃是暗示的积累与沉淀，它深刻地从根本上影响着、折射着、塑造着人的生命。暗示在深层潜意识中潜伏着，弥漫着，同时持久地延续着，多方地沟通着。与意识相比，潜意识平时处于压抑状态，暗示积淀的各种各样的图景处在被压抑、被封锁、被束缚、少自由、被控制状态。遇到偶然的机会，也会冒出来，在意识中出现，其表现形式即为灵感、直觉、想象等。

潜意识透过自我暗示所能发挥出来的无穷力量，是惊人且不可思议的，这世上许多所谓的奇迹或灵感，都是通过自我暗示的方式而产生。人类可说是世界命运的支配者，因为人可以支配自己的命运和生活环境，其原因就在于人类拥有可以改变及撼动自己潜意识的能力。

专门研究身心关系的专家班森博士，在著作中曾谈到一些骇人听闻的故事，描述了世界各地巫术的神奇力量。下面的故事发生于 1925 年澳洲某个土著部落，巫医为一位被俘的敌人进行一项“穿骨术”，使这位受害者相信自己得了可怕的疾病，并且可能会死亡。

“这个人当时的样子颇令人怜悯。他原地站着，脸上布满着惊恐，双眼瞪着巫医，两臂高高地挥舞，仿佛要扫去由天而降且注入他体内的毒素。不久他的面色转白，两眼无神，脸上的肌肉扭曲得都变了形。他想喊叫，可是声音哽在喉间，只见白色的唾沫涌出。他的身子不停地颤动，身上的肌肉控制不住地蠕动。接着他便前后摇动，扑倒在地，一下子陷于神智昏迷。没多一会儿他又双手遮眼，呻吟起来，不久他真的死了。”

整个过程充分说明生理状态与心态之间的相互关系。其实，巫医从没碰过那个人，一点都没有。只是那个人接受了巫医的负面暗示，使自己的心态对身体产生了令人不敢置信的恶果，从而自己杀死了自己。

暗示可以来自自我，也可以来自他人，它在人们的日常活动中起着很重要的作用。在有些民族中，这种力量成为宗教中的力量。暗示不仅可以自我控制，也可以用来控制和指挥别人。如果我们能正面地、积极地利用它，其结果就是美好的。反之，如果我们消极地、恶意地利用它，那么，带来的结果只能是痛苦和灾难。

暗示仿佛一台电脑，需要输入一些正确的指令和程序，才能有效运转，否则它便无法做出任何判断，无法进行逻辑思考。因此，必须学会用正面的暗示来调节自己，反击消极的暗示，让积极的自我暗示带你走出阴影与困境。

做自己的主人，扼住命运的喉咙

有这样一个故事，一个诗人听说一个年轻人想跳桥自杀，而他手里拿着的是诗人的诗集《命运扼住了我的喉咙》。诗人听说后，拿了另一本诗集，赶紧冲到桥上。诗人来到桥上，走到年轻人面前。年轻人见有人上前，便做出欲跳的姿态说道："你不要过来！你不用劝我，我是不会下来的，命运对我太不公平了。"诗人冷冷地说："我不是来劝你的，我是来取回我那本诗集的。"年轻人对诗人的话感到很疑惑。诗人说："我要将这本诗集撕碎，不再让它毒害别人的思想，我可以用我手中的这本诗集和你手中的那本交换。"年轻人犹豫了一会儿，答应了诗人的请求。年轻人接过诗人手上的那本诗集，有点吃惊，因为诗人手上的那本诗集的名字和原来那本如此的相似，但又是如此的不同——

《我扼住了命运的喉咙》。诗人接过年轻人手中的那本诗集，对着它凝望了一会儿，便将它撕得粉碎。撕完后，诗人又说道：“当我四肢健全时，我曾多次站在你那里，但当我经历了那场车祸变成残疾后，我便再也没站在那儿过。”诗人说完，用深切的目光望着年轻人。年轻人迎着诗人的目光沉思了一会儿，终于从桥上下来了。

很多时候，我们和上面这个年轻人一样，总是被身边的人和事牵绊着、主宰着，把自己的人生交给命运去处理，而忘了自己其实是自己人生的主人，我们的命运和心灵应该由自己做主。

如果说生命是一艘航船，那么我们对舵的把握程度，就决定了我们拥有怎样的人生。一个人的命运好不好，首先是自己决定的。敢于主宰和规划人生，奇迹便会不断产生。

世界上的人基本上分为两大类：一种人拥有积极乐观的人生态度，而另外一种人拥有消极悲观的人生态度。不同的人生态度，决定不同的人生结果。那些积极乐观的人，总是自己掌握自己的命运之舵，从而顺利到达幸福的彼岸；而那些消极悲观的人，总是把自己的命运之舵交给别人，或者依靠所谓的命运之神，结果只能永远在苦海里挣扎。如果有了积极的心态，又能不断地努力奋斗，那么世上一切事情都有成功的可能。如果既没有积极的心态，又不肯好好去努力，那么将永远和幸福失之交臂。

在家长制依然广泛存在的今天，长辈们包办子女的前途似乎合情合理，就算偶有意见，但被他们的“生存哲学”一训诫，子女也会立刻被驯服。上好学校、找稳定工作、结婚生孩子……很多人总是沿着既有的轨迹向前走，按着长辈们的意愿来生活，从来没想过自己也可以开创一个全新的人生。

亨利曾经说过：“我是命运的主人，我主宰我的心灵。”做人应该做自己的主人，应该主宰自己的命运，而不能把自己交付给别人。然而，生活中许多人不能主宰自己，有的人把自己交付给了金钱，成为金钱的奴隶；有的人为了权力，成了权力的俘虏；有的人经不住生活中各种挫折与困难的考验，把自己交给了上帝；有的人经历一次失败后便迷失了自己，向命运低头，从此一蹶不振。

一个不想改变自己命运的人，是可悲的；一个不能靠自己的能力改变命运的人，是不幸的。一个人想获得成功，必定要经过无数的考验，而一个经受不住考验的人是绝对不能干出一番大事的。很多人之所以不能成就大事，关键就在于无法激发挑战命运的勇气和决心，不善于在现实中寻找答案。古今中外的成功者，无不是凭借自己的努力奋斗，掌控命运之舟，在波峰浪谷间破浪扬帆。

每个人都要努力做命运的主人，不能任由命运摆布自己。像莫扎特、凡·高这些历史上的名人都是我们的榜样，他们生前都遭遇过许多挫折，但他们没有屈服于命运，没有向命运低头。而是向命运发起了挑战，最终战胜了命运，成了自己的主人，成了命运的主宰。

第二章 知行合一，修炼你的阳光心态

心中洒满阳光，世界才会透亮

实际上，生活的现实对于我们每个人都是一样的，但一经各人“心态”诠释后，便被赋予了不同的意义，因而形成了不同的事实、环境和世界。心态改变，事实就会改变；心中是什么，世界就是什么。心里装着哀愁，眼里看到的就全是黑暗；心中装着阳光，眼里看到的就全是透明的光亮。正如日本著名社会活动家池田大作所说：“性情的修养，不是为了别人，而是为了自己增强生活能力。”

所以，在这个复杂的世界，若想生活得泰然自得，多一点幸福，就应该抛弃已经发生的令人不痛快的事情或经历，迎接好心情下的新乐趣。

有一天詹姆斯忘记关上餐厅的后门，结果早上三个武装歹徒闯进餐厅抢劫，他们要挟詹姆斯打开保险箱。由于过度紧张，詹姆斯弄错了一个号码，造成抢匪的惊慌，开枪射伤詹姆斯。幸运的是，詹姆斯很快被邻居发现了，紧急送到医院抢救，经过18小时的外科手术以及长时间的悉心照顾，詹姆斯终于出院了。

事件发生6个月之后，有人遇到詹姆斯，问起当抢匪闯入时，他的心路历程。詹姆斯答道：“当他们击中我之后，我躺在地板上，还记得我有两个选择：我可以选择生，或选择死。我选择了活下去。”

“你不害怕吗？”那个人问他。詹姆斯继续说：“医护人员真了不起，他们一直告诉我没事，放心。但是在他们将我推入紧急手术间的路上，我看到医生跟护士脸上忧虑的神情，我真的被吓到了，他们的脸上好像写着他已经是个死人了！我知道我需要采取行动。”

“当时你做了什么？”那个人继续问。

詹姆斯说：“当时有个护士用吼叫的音量问我一个问题，她问我是否会对什么东西过敏。我回答‘有’。这时，医生跟护士都停下来等待我的回答。我深深地吸了一口气喊着‘子弹！’医生和护士们听完，都笑了出来。

等他们笑完之后，我认真地告诉他们：‘我现在选择活下去，请把我当作一个活生生的人来开刀，而不是一个活死人。’”

詹姆斯能活下来当然要归功于医生的精湛医术，但同时也由于他令人惊异的态度。我们从詹姆斯身上学到，每天你都能选择享受你的生命，或是憎恨它。这是唯一一件真正属于你的权利。没有人能够控制或夺去的东西，是你的态度。如果你能时时注意这个事实，你生命中的其他事情都会变得容易许多。

心情的颜色会影响世界的颜色。如果一个人，始终对生活保持一种阳光的心态，就不会稍有不如意，就自怨自艾。现实生活中那些之所以会终日苦恼的人，实际上并不是因为他们遭受了多大的不幸，而是因为他们的内心素质存在着某种缺陷，对生活的认识存在偏差，由此导致他们精神上的萎靡和失落。

你拥有什么样的心界，你就会面对什么样的世界。阳光的心态会创造阳光的人生，而阴暗的心态则让人生充满阴霾。唯有保持阳光心态的人，才称得上是坚强的人。他们在遭遇不幸时，面对世界依然会微笑、乐观，用积极的态度去面对、处理、放下、重生。唯有这样，生活中才会充满快乐、溢满阳光！

给自己定一个拥有阳光心态的计划

亚里士多德说，生命的本质在于追求快乐，而使得生命快乐的途径有两条：第一，发现使你快乐的时光，增加它；第二，发现使你不快乐的时光，减少它。阳光的人不是没有黑暗和悲伤的时候，只是他们追寻阳光的心态不会被黑暗和悲伤遮盖罢了。

正如德国思想家席勒所说："只有当人在充分意义上是人的时候，他才游戏。只有当人游戏时，他才是完整的人。"

由于人的价值观不同，所以人们对快乐的理解不同：有人以为吃鲍鱼、燕窝、鱼翅是莫大的幸福，有人却为每天吃鲍鱼、燕窝、鱼翅而痛苦。有人以为骑自行车上下班是一种卑微，有人却因为压力而不能享受这种轻松自然。

因此，快乐可以分为两类：自然快乐和强迫快乐。如果事情的发展尽如人意，那么自然要享受快乐，不用刻意研究快乐的路径。如果事情的发展不尽如人意，而自己又不想承受挫折产生的心灵痛苦，就要想出一些办法，让自己快乐起来。这种快乐就称为强迫性快乐。如果自己能够在顺心如意的情况下快乐，又能够在背负厄运的情况下保持平和，那我们的生活质量就会得到提高。

那么，在竞争激烈的社会中，我们又如何拥有阳光心态，做最阳光的自己呢？

1. 要树立多元化成功思维模式

在现代社会中，太多的人不由自主地陷入了一元化成功的陷阱和圈套中。他们在追逐世俗成功标准的过程中，为了达到所谓"成功人士"的要求，过度地追求名利、地位、虚荣和奢华，有时甚至不择手段，结果走进了“成功”的死胡同而不能自拔，越“成功”越烦恼，越“成功”越不快乐，坦途变成了坎坷，天堂变成了地狱。

其实，条条大路通罗马，成功的道路不止一条，成功的标准也不止一个。在竞争中脱颖而出是成功，有勇气不断超越自己、不断超越过去的人，同样是成功者。做最阳光的自己就要求我们抛弃一元化成功思维模式，树立多元化成功思维模式，完整、均衡、全面地理解和阐释成功的定义，在活出真实的自我中享受到阳光般的幸福和快乐。

2. 要能够做到操之在我，褒贬由人

每个人都希望能够得到别人的认可与肯定，这是人的基本心理需求之一，但是，如果这种需求过分强烈，就会造成沉重的精神负担和心灵的扭曲。“除非我们能够得到别人的承认，否则我们就是默默无闻的，就是没有价值的。”“我们的工作并不重要，得到别人的承认才重要。”这种观念越牢固，精神就越痛苦；越努力，就越找不到快乐和幸福。

其实，在很多情况下，我们真的没有自己想象的那么重要。别人邀请你参加晚会或发言，有时只是出于礼貌，甚至希望你最好能知趣地谢绝，或者简单地应付一下即可。西方有句谚语：20 岁时，我们在意别人对我们的看法；40 岁时，我们不理会别人对我们的看法；60 岁时，我们发现别人根本就没有在意我们的看法。

因此，不必处处要求别人的认可，如果认可降临，你就坦然地接受它；如果它未能如期而至，你也不要过多地去想它。你的满足应该来自于你的工作和生活本身，你的快乐是为你自己，而不是为别人。

3. 时刻审视“职业竞争不相信眼泪”的道理

在崇尚效率和结果的今天，职业竞争是不相信眼泪的，一个人的成功速度取决于他对不良情绪的调整速度。在日新月异的竞争时代，我们没有时间为刚才发生的事情懊恼不已或追悔莫及，我们能做的就是让那些不愉快的事情如瞬间飘逝的烟云，用阳光迅速驱除消极的阴霾，让自己去享受工作的挑战、生活的美好和生命的过程。

4. 要善于从工作中寻找快乐

阳光的人，总是把工作当成自我实现和带薪学习的过程，而不仅仅是在为老板打工，为赚钱而工作。

职场中不是缺少快乐，而是缺少发现快乐的眼睛；工作中不是没有快乐，而是没有制造快乐的能力。拥有发现快乐的眼睛和制造快乐的能力，我们工作的场所就会是一个心情舒畅的会所，我们工作的过程就会是一个享受乐趣的过程。

其实，要在工作中寻找快乐并不是非常困难的事情，你只需要调整一下现在的作息或心态就可以了，有人曾经提出以下几个具体建议：

A计划——（Action）采取行动：当在原来组织发生问题时，可以问自己可以做些什么、自己有什么选择，可以主动和上司沟通发生了什么问题，应该如何解决，等等。

B计划——（Belief）调整观念：如果A计划无法实现，应该考虑调整自己的观念。有几个策略，例如“比下有余”的策略，还有一些人就是用“乐观到底”的策略。

C计划——（Catharsis）抒发情绪：可以找朋友等其他渠道，把情绪抒发出来，情绪管理就像大禹治水一样，最好能够疏导。

D计划——（Distraction）散心调剂：如果生活上有一些兴

趣、爱好能够让你暂时转移注意力，这是一种很好的避开压力的辅助策略。

E计划——（Existentialism）发现意义：Existentialism是存在主义的意思，就是你做的这个工作存在的意义是什么，必须好好地问自己，到底自己想要追求的是什么？这个工作对你还有没有意义？如果你连一点意义都找不到，也许就真的该考虑换工作了。

F计划——（Fitness）增强体能：就是通过调整饮食、增加营养、加强运动以及适当的医药，保持健康的身体。

心有多远，你就能走多远

《庄子·逍遥游》中说：在遥远的北极海水中，一种名为鲲的鱼，大概有几千里那么大。它变成一种名叫鹏的鸟，鹏的背大概也有几千里那么大，它奋起而飞，翅膀像天上的云朵垂下来。这种鸟，将从北海飞到遥远的南极。南极，就是天池。水泽边的晏鸟讥笑大鹏说："它要飞到哪里去呢？我一跳跃就飞起来，不到几丈高就落下来，在丛草之间翱翔，这也是飞行的绝技呀！它要飞到哪里去呢？"

大鹏与晏鸟代表生活中两种截然不同的人：一种人像大鹏一样拥有极高的境界，他的人生目标一定不会停留在眼前；而另一种人就像晏鸟那样，鼠目寸光，他的人生成就也就仅限于在草丛中跳跃了。诚如撒母耳·厄尔曼所言："没有人会只因年龄而衰老，我们是因放弃我们的理想而衰老。年龄会使皮肤老化，而放弃热情却会使灵魂老化。"

大鹏与晏鸟的故事可以给我们以足够的启示：你能走多远，

你的人生能取得什么样的成就，关键就在于你的心态，如果你拥有一颗开阔、向上的心，你的成绩也会有所提升。

班超是我国东汉时期杰出的军事家和外交家，他从小勤奋好学，胸怀大志。然而，他并不是一生下来就是这样，他青年时期的工作不过是给官府抄文件和给私人抄书籍。

当时，北方的匈奴时常侵犯汉朝边境，班超特别愤慨。同时，他又看到西域各国与汉朝的交往已断绝了50多年，心中非常忧虑。班超抄了一段时间的书之后，整日处在苦闷之中，他觉得自己的人生不应该是这样的，他决定投笔从戎，去干一番大事业。

班超参军之后，随大将军窦固出兵攻打匈奴。由于他作战勇敢、屡立战功、足智多谋，最终威震西域各国，重新打通了丝绸之路，成为我国历史上杰出的外交家，名垂青史，万古流芳。

班超建下千秋功业，正在于他把自己的心态境界提升到一个国家的高度。如果他仅满足于抄抄字，安稳度日，还能取得后来的成就吗？

再来看另一则故事：

迈克尔在从商以前，曾是一家酒店的服务生，替客人搬行李、擦车。有一天，一辆豪华的劳斯莱斯轿车停在酒店门口，车主吩咐道："把车洗洗。"迈克尔那时刚刚中学毕业，从未见过这么漂亮的车子，不免有几分惊喜。他边洗边欣赏这辆车，擦完后，忍不住拉开车门，想上去享受一番。这时，正巧领班走了出来。"你在干什么？"领班训斥道，"你不知道自己的身份和地位吗？你这种人一辈子也不配坐劳斯莱斯！"受辱的迈克尔从此发誓："我不但要坐上劳斯莱斯，还要拥有自己的劳斯莱斯！"这成了他人生奋斗的目标。许多年以后，当他事业有成时，果然买了一辆属于自己的劳斯莱斯轿车。

如果迈克尔也像领班一样认定自己的命运，那么，也许今天他还在替人擦车、搬行李，最多做一个领班。

可见，一个人的心态是否强大，心境是否宽广，对一个人的影响是何等大啊！

《庄子·逍遥游》中对人的心态境界的大小做了这样一段论述："小知不及大知，小年不及大年。奚以知其然也？朝菌不知晦朔，蟪蛄不知春秋，此小年也。楚之南有冥灵者，以五百岁为春，五百岁为秋；上古有大椿者，以八千岁为春，八千岁为秋。而彭祖乃今以久特闻，众人匹之，不亦悲乎！"

这就是心界大小的差别，心界小者绝对不能体会到心界大者的生命境界。一个人若不能提升自己的人生境界，开阔自己的心胸，拥有强大的阳光心态，只满足于在泥地上匍匐，那将终生碌碌无为。

心有多远，人就能走多远。一个人，如果没有强大的内心，就无法拥有强大的内在力量。在人生无数个困扰中，就有可能被某一个困扰所阻碍，最终倒下。所以，拥有强大的内心是最重要的。而缔造阳光心态，就是使内心强大的最好的方法之一。

抛弃心中的"垃圾"，重新开始

现在，社会上流行一个名词叫"归零"。而归零心态就是一种虚怀若谷的精神，有了这种精神，人才能够不断进步，不断走向新的成功。归零可以说是一种在低位思考高位的理智心态。正如俄国心理学家巴甫洛夫所说，"无论在什么时候，永远不要以为自己已经知道了一切。不管人们把你们评价的多么高，你们永远都要有勇气对自己说：‘我是个毫无所知的人’”。

人在职场，职业倦怠、激情丧失，似乎是永远也绕不开的话题。每过一段时间，每到一定阶段，当感到一种难以摆脱的压抑和烦躁后，可以向下面这位哈佛校长学习，适当地将现状归零，换种方式前进，或许是种不错的选择。下面是哈佛大学某校长的一段亲身经历：

有一年，校长向学校请了3个月的假，然后告诉自己的家人，不要问他去什么地方，他每个星期都会给家里打个电话，报个平安。

校长只身一人，去了美国南部的农村，尝试着过另一种全新的生活。他到农场去打工，去饭店刷盘子。在田地做工时，背着老板躲在角落里抽烟，或和工友偷懒聊天，都让他获得一种前所未有的愉悦感。

最有趣的是最后他在一家餐厅找到一份刷盘子的工作，干了4个小时后，老板把他叫来，跟他结账。老板对他说：“可怜的老头，你刷盘子太慢了，你被解雇了。”

“可怜的老头”重新回到哈佛，回到自己熟悉的工作环境后，却觉得以往再熟悉不过的东西都变得新鲜有趣起来，工作成为一种全新的享受。

这3个月的经历，像一个淘气的孩子搞了一次恶作剧一样，新鲜而刺激。更重要的是，回到一种原始状态以后，就如同儿童眼里的世界，一切都充满乐趣，也不自觉地清理了原来心中积攒多年的“垃圾”。

这个“可怜的老头”，厌倦了在哈佛日复一日的校务工作和程式化交际，为了改变这一现状，他在抛开哈佛校长的光环后，从零开始生活，从而也抛弃了以往心中所积攒的不少“垃圾”，让自己的内心真正归零，重新开始新征程。

从某种意义上，当一个人的发展遭遇某种瓶颈时，如果以“归零”的方式放弃从前的生活，关上身后的那扇门，他会发现另一片美丽的后花园，最终找到另一番工作的激情和生活的乐趣。

归纳来说，归零的心态就是谦虚的心态，就是重新开始。有这样一种现象：人们第一次成功相对比较容易，第二次却不容易了，这是为什么？

一位国内著名的集团老总曾经说过这样意味深长的话：“往往一个企业的失败，是因为他曾经的成功，过去成功的理由是今天失败的原因。任何事物发展的客观规律都是波浪式前进，螺旋式上升，周期性变化。中国有一句古话叫风水轮流转，经济学讲资产重组。”生活就是不断地重新再来。不归零就不能进入新的资产重组，就不会持续发展。

在此之前，你可能有过很高的地位，可能拥有很多的财富，具有渊博的知识，但是当你想要达到更大成功的时候，你一定要有一个归零的心态。只有心态归零你才能快速成长，才能学到更多的成功方法。

如果你要喝一杯咖啡，就必须把杯子里的茶先倒掉，否则把咖啡加进去之后，就茶也不是，咖啡也不是，成了四不像。毛泽东说：学习的敌人是自己的满足，要认真学一点东西，必须从不自满开始。

一切从头再来，就像大海一样把自己放在最低点，来海纳百川。虚心使人进步，骄傲使人落后。有句话说：谦虚是人类最大的成就。谦虚让你得到尊重，越饱满的麦穗越弯腰。

由此可见，保持一种归零心态对于一个人长期的发展是多么的重要。海尔集团首席执行官张瑞敏说：“我们主张产品零库存，同样主张成功零库存。只有把成功忘掉，才能面对新的挑战。”海尔的年销售额数百亿元，但张瑞敏从未有一丝飘飘然的感觉，相反，他时时处处向员工灌输危机意识，要求大家面对成功始终保持一种如履薄冰的谨慎。

成功仅代表过去，如果一个人沉迷于以往成功的回忆，那他就再也不会进步。对于有远大志向的追求者来说，成功永远在下一次。保持“归零”心态，才能不断发展并创造出新的辉煌。冰心说：“冠冕，是暂时的光辉，是永久的束缚。”一个人只有摆脱了历史的束缚，才能不断地向前迈进。

背对黑暗，就会面对阳光

失败和痛苦是上帝和每一种生物沟通，并指出我们错误所使用的语言。动物在听到上帝的这些话时，可能会变得胆怯，致使它们逃避所有可能的威胁。而人类在听到上帝的启示之后，应该更谦逊，把它当作上帝的智慧和启迪。因此，你不必在失败面前畏惧，它只是暂时的，它能为你的人生提供机遇。

爱默生说过：“我们的力量来自我们的软弱，直到我们被戳、被刺，甚至被伤害到疼痛的程度时，才会唤醒藏着神秘力量的愤怒。伟大的人物总是愿意被当成小人物看待，当他坐在占有优势的椅子中时会昏昏睡去；当他被摇醒、被折磨、被击败时，便有机会可以学习一些东西了。此时他必须运用自己的智慧，发挥他的刚毅精神，他会了解事实真相，从他的无知中学习经验，治疗好他的自负精神病。最后，他会调整自己并且学到真正的技巧。”然而，挫折并不保证你会得到完全绽开的利益花朵，它只提供利益的种子。你必须找出这粒种子，并且以明确的目标给它提供充足的养分并栽培它，否则它不可能开花结果。上帝正冷眼旁观那些企图不劳而获的人。

你应该感谢你所犯的错误，因为如果你没有和它作战的经验，就不可能真正了解它。所以，一个能够在逆境中微笑的人，要比一个一面临艰难困苦，就失去了勇气将要崩溃的人伟大得多。一个能够在一切事情与他的愿望相悖时微笑的人，是胜利的候选者，因为这种阳光心态，普通人是不能够做到的。

忧郁、阴沉、颓废的人，在社会上不受人重视。没有人愿意同他待在一起，每个人见了他，都只是看看他，然后就会离开他。

我们不喜欢那些忧郁、阴沉的人，正像我们不喜欢别人给予我们以不调和印象的画一样。我们会本能地趋向于那些阳光的人。要使人家喜欢我们，首先要使自己变得阳光。无论你遭遇的事情是怎样的不顺利，你都应努力去支配你的环境，把自己从不幸中解脱出来。如果你背向黑暗，面对光明，阴影就会留在你的后面！

假如你能够绝对拒绝那些夺去你快乐的魔鬼；假如你能紧闭你的心扉，而不让它们闯入；假如你能明白，这些魔鬼的存在，只是你自己为它们提供了方便，那么它们就不会再光顾你了。努力培养一种愉快的心情！假如你本来没有这种心情，只要你努力，不久就会具有这种心情的。

一位神经科专家告诉人们，他发明了一种治疗忧郁病的新方法。他劝告他的病人，在任何环境下都要笑。强迫自己，无论心中喜欢不喜欢，都要笑。“笑吧！”他对病人说，“连续着笑吧！不要停止你们的笑！最低限度，试着把你们的嘴角向上扬起。这样不停地笑时，看你感觉怎样！”他就是用这种方法治愈他的病人的。

把忧郁在数分钟之内驱逐出心境，这对一个阳光的人来说是完全可能做到的。但多数人的缺点就是不肯放开心扉，让愉快、希望、乐观的阳光照进，反而紧闭心扉，想以内在的能力驱除黑暗。然而他们不知道外面射入的一缕阳光会立刻消除黑暗，驱除那些只能在黑暗中生存的心魔！

在你遭遇困境时，你应当努力适应周围的环境，无论遭遇如何，都要背向黑暗，面对阳光！也只有这样，你才能看到生命中希望的太阳。

第三章 自在为人，你不是快乐给别人看的

自己的人生无须浪费在别人的标准中

如果一个人问自己为什么而活？一般的答案都是为自己而活，至少不会为不相干的人而活。但是，大家又分明太在意别人会怎么想，会怎么看，怎样说。了解别人会怎么看、怎么想当然是正确的，但是如果太在意别人的看法和想法，就会产生很多的麻烦，渐渐地迷失了自我，只听从于别人的看法、说法和想法，而且背上很重的思想负担。这岂不是又可怜又可悲？

事实上，有的人年年岁岁，岁岁年年，都在极为认真、努力地活在别人的眼光里，他们虽然年龄、性别、性情都不同，但他们的人生理念、活法基本是一样的：太过于看重面子，看重别人的眼光。

就像现在，多年不见的老同学，老朋友和老熟人，一见面，必要询问你在哪儿供职。如果有人在政府供职，大家会肃然起敬，觉得这人混得真不错，然后对其大加赞赏，并极为羡慕。而听者，面对众人的艳羡目光与称赞，心中也是扬扬自得。其实，从古到今，又何尝不是如此。“学而优则仕”，那些寒窗苦读的学子很多都是为了能够金榜题名、声名远播乡里。所以从一定程度上来讲，正是别人的眼光使人们自己放不下心中的名、利、权、位、财、色等。

西汉的张良，东晋的陶渊明，不愿当官，他们或是深深明白“伴君如伴虎”的道理，或是不愿同流合污。可是，出于对开明君主的爱护，他们也不是拒不为官的。当官当然没有错，问题是不可

能人人都想当官，可是有的人就是喜欢拿当官来衡量一个人的价值。本来有些人学识、能力、性情、爱好等方面不适合当官，但是就因为世人都看重官位，都以当官与否来评价人，所以有的人也不得不费尽心神，挤破脑袋也要跻身官场。结果是虽然迎合了世俗的眼光，符合了世人的口味，得到了世人的羡慕，但是最终受罪、为难、别扭的是自己。的确，如果摆不正自己的思想，没有自己的主见，就会陷入别人的眼光里不能自拔，就会走进人生的误区，就会虚荣心泛滥，欲望之心膨胀，这只会让人活得更累、更痛苦。

由此可见，太在意别人怎样评论的人，只能无所适从，惶惑不安。人生在世，只要无愧于天地良心就可以我行我素，人在世上，只要在遵纪守法的前提下，一定要活得有价值，有个性，有尊严，有特色，这样就不会为别人的眼光而活，就一定能活出真实的自我，让自己也能真正的轻松自在，得到解脱。

活着是为了自己，而不是为了他人的眼光。这一点，不得不让人反思。做人不要太在意他人的观点和揶揄的言词，一定要活出自己的风格。这就如同诗人但丁所言："走自己的路，让别人去说吧！"

星云大师在《厚道》一书中曾说："自己就是自己，即使在这世界上有好几亿人口，你还是你自己。遗憾的是，一般人因为不能自我肯定，不能掌握自己的前途，不得不求神问卦、算命看相。"

保存"自性"，为自己而活

每个人都有自己的自性，也就是自己的本心。南怀瑾大师说，真正的这个自性是不生不灭的，这个自性是空性，空性必须要无我才能达到。当你修正到一个无我的境界，就得到一个智慧，就是唯识中所讲的平等性智。无我就无人，无人就无他，无众生相，无烦恼，无一切，等等。一切皆空，即无众生之相。

释迦牟尼在一次法会上讲了这样一个故事：

有位富商讨了四个妻子：第一个妻子伶俐可爱，整天作陪，寸步不离；第二个妻子是抢来的，长得如花似玉，很美丽；第三个妻子沉溺于生活琐事，让他过着安定的生活；第四个妻子工作勤奋，东奔西忙，使丈夫根本忘记了她的存在。

有一天，商人就要去世了，为了测验一下哪位妻子是真心对自己的，他决定考验一下四位妻子，于是商人把四位妻子叫到面前，对她们说："我就要死了，你们平常都说对我好，如今谁愿意和我一起去阴间远行呢？"

第一个妻子说："你自己去吧，我才不陪你呢。"

第二个妻子说："我是被你抢来的，本来就不情愿，我才不去呢！"

第三个妻子说："尽管我是你的妻子，可我不愿受风餐露宿之苦，我最多送你到城郊！"

第四个妻子说："既然我是你的妻子，无论你到哪里去我都跟着你。"

于是，商人欣慰地点点头，与世长辞了。

佛祖接着解释说："各位，这位商人就是你们自己。第一位妻子是指肉体，死后是要与自己分开的；第二位妻子是指财产，它生不带来，死不带去；第三位妻子就是指你自己的妻子，活着时两人相依为命，死后还是要分道扬镳；第四个妻子是指你的自性，人们时常忘记她的存在，但她永远陪伴着你。"

是的，世间众生总是智慧颠倒，珍爱前三个妻子，而冷落第四个妻子。其实，真正能和你永远在一起的，只有第四个妻子——你的自性。一个人要想真正看清自己，就必须看清自己的本来面目，那第四个妻子才是你需要真正去看清的呀！

有一次，石屋禅师和一个偶遇的青年男子结伴同行。天黑了，那个男子邀请禅师去他家过夜，对禅师说道："天色已晚，不如在我家过夜，明日一早再行赶路？"

禅师向他道谢，与他一同来到了他家。半夜的时候，禅师听见有人蹑手蹑脚地来到了他的屋子里，禅师大喝一声："谁？"

那人被吓得跪在地上，禅师揭去他脸上蒙着的黑布一看，原来是白天和他同行的青年男子。

"怎么是你？哦，我知道了，原来你留我过夜是为了钱财！我一个和尚能有多少钱！你要干就去干大买卖！"

那男子说道："原来是同道中人！你能教我怎么干大买卖吗？"他的态度是那么恳切，那么虔诚。

禅师看他这样，慢腾腾地说道："可惜呀！你放着终生享用不尽的东西不去学，却来做这样的小买卖。这种终生享用不尽的东西，你想要吗？"

"这种终生享用不尽的东西在哪里？"

禅师突然紧紧抓住男子的衣襟，厉声喝道："它就在你的怀里，你却不知道，身怀宝藏却自甘堕落，枉费了父母给你的身子！"

真是一语惊醒梦中人啊！这个人从此改邪归正，拜石屋禅师为师，后来成为一名著名的禅僧。

每一个人在他的生命中，总会失去一些东西，但是那个始终伴随你的，就是你的自性，所以，生活中的我们不应该忘记自性的存在，而应该好好保存自己的自性，充分发挥自性的作用，为自己而活，这样才能拥有一个真正有血有肉的人生。

为自己而活，也许不能和那些高尚而伟大的人生理想相媲美，但也绝对不是自私自利的代名词。实事求是才能有所作为，为自己而活恰恰是一种朴实自然的人生态度，平平淡淡，真真切切。

不要把快乐的底线定得太高

快乐与否，在人不在天。顺境中能快乐，逆境中也能快乐；富贵人能快乐，贫穷人也能快乐；在物质世界中能快乐，在精神世界中也能快乐。快乐不需要刻意去寻找，它需要靠自己去感受。

不要把快乐的底线定得太高，生命中的任何一件小事，只要你细心品味过，可以说都与快乐有关。只要能给快乐一道底线就行。

美国《时代》杂志上曾刊登了一篇文章，它叙述了一个伤兵的故事。这个受伤的士兵叫约翰·纳斯堡。在战争中，他的喉头被飞来的炮弹碎片击中，输血七次之后，才从昏迷中醒来。他写了一张字条给医治他的大夫，上面写道："我会活下来吗？"

"会的。"医生回答说。

他接着又写了一张纸条问："我以后还能够说话吗？"他得到的答案仍然相同。

于是，他再写了一张纸条，上面写道："那我还有什么好担心的呢？"

是的，丢开忧虑、获得快乐就是这么简单。只要我们还有能力完成最基本的生命过程，还有什么是值得我们担心的呢？

“想想它与谢谢它”这句话，被刻在了英格兰克伦威尔的许多教堂的墙上，然而，这句话更应该深深地刻在我们的心中。“想想它与谢谢它”这句话，告诉我们的是要多去想一想那些我们应该感激的事情，以及感谢造物主给予我们的恩赐与布施。

作家史铁生写道：“生病的经验是一步步懂得满足。发烧了，才知道不发烧的日子多么清爽。咳嗽了，才体会到不咳嗽的嗓子多么舒服。刚坐上轮椅时，我老想，不能直立行走岂不把人的特点搞丢了？便觉天昏地暗，等又生出褥疮，一连几日只能歪七扭八地躺着，才想到端坐的日子其实多么晴朗。后来又患尿毒症，经常昏昏然不能思想，就更加怀念起往日时光。终于醒悟，其实每时每刻我们都是幸运的，因为任何灾难前面都可能再加上一个‘更’字。”

当我们在茫茫红尘中奔走，陷在名与利的泥潭里不能自拔时，蓦然回首，才发现真正的快乐恰恰就在出发的原点，而当初我们却坚信它在更远的远方！“知足者常乐”和“不知足者常乐”并无丝毫的相悖，只不过双方立论的快乐底线不同罢了。给自己的快乐画一条底线，我们才会从最平常的日子、最琐碎的事情里品尝到快乐的滋味。

卸下完美的枷锁，适当放松自己

人们总是对人生抱有一种力求完美的心态，凡事都要力求完美，就好像三国时期的诸葛亮，即使手下有很多精英强士，却总是亲力亲为，不敢有任何的马虎。其实，我们大可卸下完美的枷锁，适当地休息一下，合理地放松自己，才能成为一个幸福快乐的达观者。

有一个女孩，她自小的梦想是成为一位歌唱家，可是她长得并不好看。她的嘴很大，牙齿很暴露，每一次在新泽西州的一家夜总会里公开演唱的时候，她都想把上嘴唇拉下来盖住她的牙齿。她想要表演得“很美”，结果呢？她使自己大出洋相，逃脱不了失败的命运。

可是，其中一个在那家夜总会里听这个女孩子唱歌的人，认为她很有天分。“我跟你说，”他很直率地说，“我一直在看你的表演，我知道你想掩藏的是什么，你觉得你的牙长得很难看。”这个女孩子非常窘，可是那个男的继续说道：“这是怎么回事？难道说长了龅牙就罪大恶极吗？不要去遮掩，张开你的嘴，观众欣赏的是你的歌声。再说，那些你想遮起来的牙齿，说不定还会带给你好运呢。”

她接受了他的忠告，没有再去注意牙齿。从那时候开始，她唱歌时只想到观众，她张大了嘴巴，热情而高兴地唱着，后来，她成为电影界和广播界的一流红星。她的名字叫凯丝·达莉。

一个圆环被切掉了一块，圆环想使自己重新完整起来，于是就到处去寻找丢失的那块儿。可是由于它不完整，滚得很慢，它欣赏路边的花儿，它与虫儿聊天，它享受阳光。它发现了许多不同的小块儿，可没有一块适合它。于是它继续寻找着。

终于有一天，圆环找到了非常适合的小块，它高兴极了，将那小块装上，然后又滚了起来，它终于成为完美的圆环了。它能够滚得很快，以至于无暇注意花儿或和虫儿聊天。当它发现飞快地滚动使得它的世界再也不像以前那样时，它停住了，把那一小块又放回到路边，缓慢地向前滚去。

其实我们每个人都是一个不完整的圆，生命中有些东西原本是可以舍弃的，太完美的结局往往像那个完整的圆一样，会失去很多曾经拥有的快乐。另一方面，这个故事也告诉我们，也许正是失去，才令我们完整；也许正是缺陷，才更能体现我们的真实。

给自己找一个快乐的理由

彼得·伊里奇·柴可夫斯基代表着19世纪末的作曲家，他是浪漫主义运动最后阶段的悲观主义者。柴可夫斯基是个忧郁症患者和忧郁狂——不论他愿意不愿意承认——直到死前几个月，他还未能适应自己的天性。

有人说柴可夫斯基的音乐是痛苦的，而他的这些痛苦与他抑郁、痛苦的生命经历是有密切关系的。童年时的柴可夫斯基就表现出了忧郁、敏感、性格内向的特质，据他的家庭教师芳妮回忆说：“他极其敏感，所以我必须小心地对待他，一点小事也会深深伤他的心。他像瓷器那样脆弱，对于他，根本不存在处罚的问题，对别的孩子来说根本不当回事的批评和责备，也会使他难过半天。”

青年时代起，他那敏感脆弱的性格，就使他深切地感觉到现实社会并不像他所希望的那样。他的怀疑主义和他那宿命论的思想，使他在落日的余晖里孤寂地去寻找对人生的妥协，音乐成了他蜗居斗室自我拯救的唯一生存方式。

柴可夫斯基的生活有种种不如意，种种波折让他忧郁不堪，而忧郁又让他更加走向痛苦。他在几次精神崩溃时都想到了自杀。在令人厌烦的社交活动中，忧郁像鬼魂那般死死地与他纠缠。这种性格自然会表现在他的音乐创作上。他总能写出一些令人眼泪汪汪的调子和伤感的旋律。这种又酸又苦的忧伤和哀愁，影响了他中后期的许多作品。然而，忧郁症在某种情形之下，会转化为与症状完全相反的狂躁症。

这种反差极大、两极摆动的精神断裂，间接造成柴可夫斯基音乐中的许多断裂。很多作品中的一些优美旋律，常常被粗暴地打断，接踵而来的往往是跌跌撞撞、迅疾跳跃的不稳定音型。过去的评论家只认为他不善于构造交响的逻辑大厦，只是听凭他的情绪相互交替，而且把这种交替变成是一种性格上的对比。

实际上，这并不是音乐结构的问题，而是音乐家的心理程序对作品程序的一种投射；是一种失去自我控制的断裂，而非局部和局部之间技巧性的衔接问题。尤其是在他晚年的作品中，我们分明能感觉到那种响亮中的空虚，那种紧张中的惶恐，那种狂躁中的沮丧，那种虚假镇定中真正的绝望！

忧郁就好像透过一层黑色玻璃看一切事物。无论是考虑你自己，还是考虑世界或未来，任何事物在他看来都处于同样的阴郁而暗淡的光线之下。

一个成功的人生应当是快乐的，而一颗快乐的心灵则必定是健康的，因此甩掉忧郁的纠缠则是我们的共同目标。

英国有一个天生乐观的人，从不拜神，这令神很不开心，因为神的权威受到了挑战。他死后，为了惩罚他，神便把他关在很热的房间，7 天后，神去看望这位乐观的人，看见他非常开心。

神便问:“身处如此闷热的房间7天，难道你一点也不辛苦？”乐观的人说：“待在这间房子里，我便想起在公园里晒太阳，当然十分开心啦！（英国一年难得有好天气，一旦晴天，人们都喜欢去公园晒太阳。）”

神不开心，便把这位快乐的人关在一间寒冷的房间。7天过去了，神看到这位快乐的人依然很开心，便问他：“这次你为什么开心呢？”

这位快乐的人回答说：“待在这寒冷的房间，便让我联想起圣诞节快到了，又要放假了，还要收很多圣诞礼物，能不开心吗？”

神不开心，便把他关在一间阴暗又潮湿的房间。7天又过去了，这位快乐的人仍然很高兴，这时神有点困惑不解，便说：“这次你能说出一个让我信服的理由，我便不再为难你。”

这位快乐的人说：“我是一个足球迷，但我喜欢的足球队很少有机会赢。但有一次赢了，当时就是这样的天气。所以每遇到这样的天气，我都会高兴，因为这会让我联想起我喜欢的足球队赢了。”神无话可说，给了这位快乐的人自由。

没有不快乐的人生，只有一颗不肯快乐的心灵。像故事中的那位快乐的人一样，学会用积极的方式对自己说话，并支配自己的行动，告诉自己，只要我愿意，总会有理由快乐。

经常去一些庙宇的人肯定会发现有这么一尊佛像，他光着大肚皮坐卧于地，咧嘴露牙地捧腹大笑，看起来特别具有亲和力及喜悦感。他便是“大肚能容，了却人间多少事；满腔欢喜，笑开天下古今愁”的弥勒佛。确实，古今多少愁，最后不过付诸东流水，何不一笑人间万事，给自己找一个快乐的理由。

第四章　笑对逆境，命运总会善待从容的人

逆境面前，你也可以笑一笑

印度诗人泰戈尔曾经说过：“世界之路并没有铺满鲜花，每一步都有荆棘，但是你必须走过那条荆棘路，愉快，微笑。”

人们总希望自己的生活中能够多一些快乐，少一些痛苦；多一些顺利，少一些挫折。可是命运总爱捉弄人、折磨人，总是给人以更多的失落、痛苦和挫折。但是，我们要记住，要得到欢乐就必须能够承受痛苦和挫折。这是对人的磨炼，也是一个人成长必经的过程。

人生在世，谁都会遇到厄运，适度的厄运具有一定的积极意义，它可以帮助人们驱走惰性，促使人奋进，因此，厄运又是一种挑战和考验。我们的生活因厄运变得丰富而多彩，我们的性格因锤炼而变得成熟。厄运来临——与厄运挑战——在战斗中升华自己，这就是逆境与厄运的意义所在。

人生重要的不是拥有什么，而是经历了什么，任何坎坷的经历都是一种宝贵的人生财富。

英国哲学家培根说过：“超越自然的奇迹多是在对逆境的征服中出现的。”关键的问题是应该如何面对厄运与不幸。

最高的境界是在逆境中学会微笑。

要在逆境中学会微笑相当不易……挫折，成功，失败，有几个人能看透？又有几个人能够做到从容？

逆境中的微笑可以让人心平气和，不急不怒，能让人仔细分析所处困境，理清思路，找出解决办法，顺利渡过难关。从心理

学的角度来讲，不利局面下能保持微笑会给竞争对手极大的心理压力，此时的微笑会让对手心惊胆战，不寒而栗。顺境中的微笑也可以让人保持心态平静，戒骄戒躁，可以让人看清鲜花丛中的荆棘，看到阳光道上的陷阱，使人头脑清醒，继续勇往直前。

我们始终这样认为，微笑是人生的一种境界，不论阴云密布，不论阳光灿烂，我们都应该时时刻刻保持微笑。微笑是如此简单，人人皆有；微笑是如此重要，可以治心；微笑是如此有益，助人成事。

没有不快乐的人生，只有一颗不肯快乐的心灵。正是因为很多持乐观心态的人都善于控制自己的情绪，乐观面对困境，才没有被困难压倒，用“心”为自己制造了一个幸福的天堂，让自己的生活每天都充满了快乐。

经历风雨，彩虹才会释放美丽的光彩

一天夜里，一场雷电引发的山火烧毁了美丽的“万木庄园”，这座庄园的主人迈克陷入了一筹莫展的境地。面对如此大的打击，他痛苦万分，闭门不出，茶饭不思，夜不能寐。

转眼间，一个多月过去了，年已古稀的外祖母见他还陷在悲痛之中不能自拔，就对他说：“孩子，庄园成了废墟并不可怕，可怕的是，你的眼睛失去了光泽，一天一天地老去。一双老去的眼睛，怎么能看得见希望呢？”

迈克在外祖母的劝说下，决定出去转转。他一个人走出庄园，漫无目的地闲逛。在一条街道的拐弯处，他看到一家店铺门前人群攒动。原来是一些家庭主妇正在排队购买木炭。那一块块躺在纸箱里的木炭让迈克的眼睛一亮，他看到了一线希望，急忙兴冲冲地向家中走去。

在接下来的两个星期里，迈克雇了几名烧炭工，将庄园里烧焦的树木加工成优质的木炭，然后送到集市上的木炭经销店里。

很快，木炭就被抢购一空，他因此得到了一笔不菲的收入。他用这笔收入购买了一大批新树苗，一个新的庄园初具规模了。

几年以后，“万木庄园”再度绿意盎然。

一个人若缺乏勇气，很容易就会倒下。而一个充满勇气的人，则可以无往而不胜，无坚不摧。世间没有死胡同，就看你如何去寻找出路。正视困境，不在困难面前退缩，心灵才不会荒芜，才不会无路可走。

成功，是从不断的挫折和失败中建立起来的，它不仅是一种结果，更是一种不怕失败，在磨难中永不屈服的能力。松下幸之助说：“成功是一位贫乏的教师，它能教给你的东西很少；我们在失败的时候，学到的东西最多。”因此，不要害怕失败，失败是成功之母。

若每次失败之后都能有所“领悟”，把每一次失败都当作成功的前奏，那么就能化消极为积极，变自卑成自信。作为一个现代人，应具有迎接失败的心理准备。世界充满了成功的机遇，也充满了失败的风险，所以要树立持久心，以不断提高应付挫折与抵抗干扰的能力，调整自己，增强社会适应力。

成功之路难免坎坷和曲折，有些人把痛苦和不幸作为退却的借口，也有人在痛苦和不幸面前寻得复活和再生。只有勇敢地面对不幸和超越痛苦，永葆青春的朝气和活力，用理智去战胜不幸，用坚持去战胜失败，我们才能真正成为自己命运的主宰，成为掌握自身命运的强者。

要战胜失败所带来的挫折感，就要善于挖掘、利用自身的“资源”。应该说当今社会已大大增加了这方面的发展机遇，只要敢于尝试，勇于拼搏，就一定能有所作为。虽然有时个体不能改变“环境”的“安排”，但谁也无法剥夺其作为“自我主人”的权利。

只有经历了风雨的彩虹才会绽放出美丽的光彩，只有从困境中走出的人才是真正的强者。宝剑锋从磨砺出，梅花香自苦寒来。

你是否在遭遇困难与痛苦时，总是认为自己根本无力承担，更没有办法去解决？假如你这样认为，就是极大的错误。就像文中的迈克一样，如果他在失去一切后没有积极思考，想办法克服重重困难，那也就不会有后来的东山再起。你有相当多的经历，而且也有着丰富、宝贵的才华，为什么发生在你身上的事，就无法解决呢？其实，最主要的还在于，你是否能够在面对困难的时候，既不回避，也不沮丧，而是正视困境，寻求解决的办法，并且坚韧、执着地走下去。

从容的人，能让逆境变顺境

人生的际遇有两种，一种是顺境，一种是逆境，在顺境中顺流而上，抓牢机会，或许每个人都能够做到。但面对逆境，许多人纷纷败退，在逆流中舟沉人亡。高情商的人往往能穿越逆境有所成就。

所谓逆境，就是危险中的顺境。事实上，世界上任何危机都孕育着机会，且危机愈重商机愈大。洛克希德·马丁公司（LMT）前任CEO奥古斯丁认为：每一次危机本身既包含导致失败的根源，也孕育着成功的机会。在逆境之中，一个人要善于把自己最弱的部分转化为最强的优势，这样才能为自己开拓人生的新局面。

蜚声世界的美国人沃尔特·迪斯尼，年轻的时候是一位画家，但他很孤独，因为他是一个贫困潦倒无人赏识的画家。几经周折，他终于找到了一份工作，替教堂作画。

当时，他借用了一间废弃的车库作为临时办公室，可事情并没有如他所期望的那样，命运没有出现一丝转机。微薄的报酬入不敷出，他一直在逆境中，看不到希望。

更令他心烦的是，每次熄灯后，一只老鼠就吱吱地叫个不停。他想拉开灯赶走那只讨厌的家伙，但疲倦的身心让他干什么都没劲，所以他只好听之任之了。反正是失眠，他就去听老鼠的叫声，他甚至能听到它在自己床边的跳跃声。他习惯了在这个寂寞无聊的午夜有一只老鼠与自己默默相伴。

后来不只在夜里，白天小老鼠偶尔也会大摇大摆地从他的脚下走过，得意忘形地在不远处做着各种动作，表演着精彩的杂技。小老鼠使他的工作室有了生机。它成了他的朋友，他则成了它的观众，彼此相依为命。

那是一个与平常一样的漫漫长夜，他突然听到一声“吱吱”，那是老鼠的叫声。这一刻，灵光一现，他拉开了灯，支起画架，画出了一只老鼠的轮廓。

美国最著名的动物卡通形象——米老鼠就这样诞生了。

迪斯尼经历了许多挫折之后，终于把逆境变为顺境，当然帮助他走出逆境的不仅是那只老鼠，还有他自己。

逆境是一柄双刃剑，它能将弱者一剑削平，从此倒下，但是同时它也能够让强者更强，练就出色而几近乎完美的人格。在不屈的人面前，苦难会化为一份礼物，一种人格上的成熟与伟岸，一种意志上的顽强和坚韧，一种对人生和生活的深刻认识。

所以，有的时候缺点不一定是件坏事，如果引导得好，就能把缺点转化为优点。人生也是如此，我们在逆境的时候，千万不要逃避，而要勇敢地面对，这样逆境就会变成顺境了。

一帆风顺的成功者在历史上是很少的，更多的成功者反倒是在逆境中探索前进的。高尔基曾在老板的皮鞭下，在敌人的明枪暗箭中，在饥饿和残废的威胁下坚持读书、写作，终于成为世界文豪；富兰克林在贫困中奋发自学，刻苦钻研，进取不息，成为近代电学的奠基人。可见，高情商的成功人士们或是煎熬于生活苦海，或是挣扎于传统偏见，或是奋发于先天落后，或是发奋于失败之中，他们最终得以成功的秘诀在于朝着预定的目标，砥砺于各种难以想象的逆境之中，奋战逆境，知难而上，终于成为淬火之钢、经霜之梅。

史泰龙在成名以前十分落魄，连房子都租不起，晚上只好睡在金龟车里。当时，他立志要当一名演员，并自信满满地到好莱坞应聘，但都因外貌平平及咬字不清而遭拒绝。在被拒绝了无数次之后，他依然没有放弃的念头。

后来，虽然接拍了几部电影，但由于角色并不适合自己，反响平平。有天晚上，他意外地看了一场电视直播的拳赛，由拳王阿里对一位名不见经传的拳击手查克·威普勒。这个威普勒在阿里的铁拳下居然支撑了15个回合。拳赛一结束，史泰龙立刻找到了创作新剧本的灵感。然后他用了三天时间便写就了一个剧本《洛奇》：一个叫洛奇的业余选手，由于偶然的机会与世界拳王对抗而一战成名。

在他的努力下，终于有人出钱买了他的这个剧本了。这时，他身上只剩40元现金了，非常需要钱。可是当他听到电影公司不同意由他来主演的时候他急了，他第一次拒绝了别人。

一些精明的制片人自然看好这个剧本，但史泰龙坚持自己当主角，这一要求令制片商们犹豫不定。很多机会也因此与他擦肩而过了。而皇天不负有心人，几经辗转，史泰龙终于找到了一个支持者，他如愿以偿。

片子以很低的成本在一个月内就拍完了。谁也没想到，《洛奇》成了好莱坞电影史上一匹最大的黑马：在1976年，这部影片票房突破2.25亿美元，并夺走了奥斯卡最佳影片与最佳导演奖，史泰龙获得最佳男主角与最佳编剧提名。在颁奖仪式上，著名导演兼制片人弗兰克·科波拉由衷地赞叹道："我真希望这部电影是我拍的。"史泰龙也因此一炮打响，成为超级巨星。

不敢穿过黑夜的人，永远见不到黎明。面对竞选学生会主席的失败，你会不会就此气馁？是积蓄力量等待下次的迸发，还是就此放弃？其实每个人的面前都有一根栏杆，它就如同横在我们生活中的困难，只有不停地去尝试、冲刺，你才有可能战胜它。你能面对无数次拒绝仍不放弃吗？史泰龙能做到，他做别人做不到的事，所以他能成功。

生活中总避免不了许多困难与不幸，但有些时候，它们并不都是坏事。平静、安逸、舒适的生活，往往使人安于现状，耽于享受；而挫折和磨难，却能使人受到磨炼和考验，变得坚强起来。"自古雄才多磨难，从来纨绔少伟男"，痛苦和磨难，不仅会把我们磨炼得更坚强，而且能扩大我们对生活的认识范围和认识深度，使自己更加成熟。这种成熟更能让我们把逆境变为顺境。机遇也好，努力也罢，逆境永远怕那些有心的人。

给自己一个突破自我的机会

生命，总是在各种各样的折磨中茁壮成长。我们要给自己一个突破自我局限的机会，这样，我们的生命才会散发出不一样的光彩。

突破自我在某种意义上说就是一种精神的升华，只要你能突破自我，你就突破了人生的瓶颈，更上一层楼。

很多人都喜欢看武侠小说，小说中经常会有一些练武的人在某一时刻终于打通了任督二脉，武学就上升到另一种境界。这是一种很好的象征，一个人只要突破自我，你的人生就能上升到另一种境界。

有一位年轻人去找心理学教授，他对大学毕业之后何去何从感到彷徨。他向教授倾诉诸多的烦恼：没有考上研究生，不知道自己未来的发展，女朋友将去一个人才云集的大公司，很可能会移情别恋……

教授让他把烦恼一个个写在纸上，判断其是否真实，一并将结果也记在旁边。

经过实际分析，年轻人发现其实自己真正的困扰很少，他看看自己那张困扰记录，不禁说："无病呻吟！"教授注视着这一切，微微对他点头。于是，教授说："你曾见过章鱼吗？"年轻人茫然地点点头。

"有一只章鱼，在大海中，本来可以自由自在地游动，寻找食物，欣赏海底世界的景致，享受生命的丰富情趣。但它找了个珊瑚礁，然后动弹不得，呐喊着说自己陷入绝境，你觉得如何？"教授用故事的方式引导他思考。他沉默一下说："您是说我像那只章鱼？"年轻人自己接着说："真的很像。"

于是，教授提醒他："当你陷入烦恼的习惯性反应时，记住你就好比那只章鱼，要松开你的八只手，让它们自由游动。系住章鱼的是自己的手臂，而不是珊瑚礁的枝丫。"

很多人都会像故事中的年轻人一样，无端地从内心生出诸多烦恼。其实，就像心理医生所说的那样，很多烦恼都是由章鱼自己的手所造成的，只要松开手，你就能在水底自由游动。

在生活中，做每一件事，都有两道墙会出现在前方，一道是外显的墙，那是关于整个外部大环境的围墙；另一道是内隐的墙，这是我们心中自我设限的围墙。而决胜的关键往往在于我们心中的那一道墙。

很多人花费许多力气去找寻无法成功的原因，其实自我设限就是主因，因此人们常说："自己是自己最大的敌人。"想要步向成功，自己就必须往前跨出步伐，勇于突破并且超越现状。

突破自我围墙最重要的一点就是面对现实，确实地了解自我并认清环境，在自我与环境中摸索出突破的方向。

同时，审视自我优势、加强自我优势，当优势获得高度发挥后，你就会愈做愈有信心，成就感随之而来，你会愈来愈开心，做事的活力源源不断。如此，当你遇到困难，不但不退缩，反而更能激起热情，愿意努力突破。

人们常常会怀疑，那些功成名就者为什么能够做到那些？事实上，成功的背后必然有其一定的道理。有些人看起来反应慢、不聪明，但他知道自己的优势在何处，他能够远离那不属于自己的领域，坚守、专注于自己的优势，所以他们终究能够成就事业，这并不是一件容易做到的事！

投注在自己认定有意义的事上，透析自我与环境，加强自我优势，建立自信心，就能突破自我围墙，迈向成功！

生命是一次次的蜕变过程

生命是一次次的蜕变过程。唯有经历过各种各样的折磨，才能拓展生命的厚度。通过一次又一次与各种折磨握手，历经反反复复的较量，人生的阅历就在这个过程中日积月累、不断丰富。

在人生的岔道口面前，若你选择了一条平坦的大道，你可能会有一个舒适而享乐的青春，但你就会失去一个很好的历练机会；若你选择了坎坷的小路，你的青春也许会充满痛苦，但人生的真谛也许就此被你打开。

蝴蝶的幼虫是在一个洞口极其狭小的茧中度过的。当它的生命要发生质的飞跃时，这狭小的通道对它来讲无疑成了鬼门关，那娇嫩的身躯必须竭尽全力才可以破茧而出。许多幼虫在往外冲杀的时候力竭身亡，不幸成了飞翔的悲壮祭品。

有人怀了悲悯恻隐之心，企图将那幼虫的生命通道修得宽阔一些，他们用剪刀把茧的洞口剪大。这样一来，所有受到帮助而见到天日的蝴蝶都不是真正的精灵——它们无论如何也飞不起来，只能拖着丧失了飞翔功能的双翅在地上笨拙地爬行。

原来，那“鬼门关”般的狭小茧洞正是帮助蝴蝶幼虫两翼成长的关键所在，穿越的时候，通过用力挤压，血液才能被顺利输送到蝶翼的组织中去，唯有两翼充血，蝴蝶才能振翅飞翔。人为地将茧洞剪大，蝴蝶的翼翅就没有了充血的机会，爬出来的蝴蝶便永远与飞翔绝缘。

成长的过程恰似蝴蝶破茧的过程，在痛苦的挣扎中，意志得到磨炼，力量得到加强，心智得到提高，生命在痛苦中得到升华。当你从痛苦中走出来时，就会发现，你已经拥有了飞翔的力量。如果没有挫折，也许就会像那些受到“帮助”的蝴蝶一样，萎缩了双翼，平庸一生。有个渔夫有着一流的捕鱼技术，被人们尊称为“渔王”。依靠捕鱼所得的钱，“渔王”积累了一大笔财富。然而，年老的“渔王”一点也不快乐，因为他三个儿子的捕鱼技术都极其平庸。于是他经常向人倾诉心中的苦恼：“我真想不明白，我捕鱼的技术这么好，我的儿子们为什么这么差？我从他们懂事起就传授捕鱼技术给他们，从最基本的东西教起，告诉他们怎样织网最容易捕捉到鱼，怎样划船最不会惊动鱼，怎样下网最容易请鱼入瓮。他们长大了，我又教他们怎样识潮汐、辨鱼汛……凡是我多年辛辛苦苦总结出来的经验，我都毫无保留地传授给他们，可他们的捕鱼技术竟然赶不上技术比我差的渔民的儿子！”

一位路人听了他的诉说后，问：“你一直手把手地教他们吗？”

“是的，为了让他们学会一流的捕鱼技术，我教得很仔细、很耐心。”

“他们一直跟随着你吗？”

“是的，为了让他们少走弯路，我一直让他们跟着我学。”

路人说：“这样说来，你的错误就很明显了。你只是传授给了他们技术，却没有传授给他们教训，对于才能来说，没有教训与没有经验一样，都不能使人成大器。”

是啊，渔夫的儿子从来都没有经受一点挫折的折磨，他们怎么会获得成长呢？

人生其实没有弯路，每一步都是不可或缺的。所谓失败．挫折并不可怕，正是它们才教会我们如何寻找到经验与教训。如果一路都是坦途，那只能像渔夫的儿子那样，沦为平庸。

没有经历过风霜雨雪的花朵，无论如何也结不出丰硕的果实。或许我们习惯羡慕他人的成功，只听到他得到的掌声，但是别忘了，温室的花朵注定要失败。正所谓“台上十分钟，台下十年功”，在他们光荣的背后一定有汗水与泪水共同浇铸的艰辛。

所以，一个阳光的人，一个有一点眼光和思想的人，都要学会感谢折磨自己的人，唯有以这种态度面对人生，才能算真正的成功。

第五章 完美生活，用平和心态经营家庭

家庭，需要一颗柔软的心经营

加拿大的魁北克有一条南北走向的山谷。山谷没有什么特别之处，唯一能引人注意的是，它的西坡长满松、柏、女贞等树，而东坡只有雪松。这奇异景观一直是个谜，许多地质学家一再对其进行研究，都没有令人满意的结论。揭开这个谜的，竟是一对寻常的夫妇。

那是1983年的冬天，这对夫妇的婚姻正濒于破裂的边缘。为了重新找回昔日的爱情，他们打算做一次浪漫之旅，如果能找回爱情就继续生活，如果不能就友好分手。他们来到这个山谷的时候，下起了大雪。

他们支起帐篷，望着满天飞舞的大雪，发现由于特殊的风向，东坡的雪总比西坡的雪来得大，来得密。不一会儿，雪松上就落了厚厚的一层雪。不过当雪积到一定的程度，雪松那富有弹性的枝丫就会向下弯曲，直到雪从枝上滑落。这样反复地积，反复地弯，反复地落，雪松完好无损。可其他的树因没有这个本领，树枝被压断了。西坡由于雪小，总有些树挺了过来，所以西坡除了雪松，还有松、柏和女贞之类。

帐篷中的妻子发现了这一景观，对丈夫说："东坡肯定也长过杂树，只是不会弯曲才被大雪摧毁了。"丈夫点头称是。少顷，两人像突然明白了什么似的，紧紧拥抱在一起。

如这对夫妇带给我们的启示一样，对于婚姻的压力要尽可能

地去承受，在承受不了的时候，学会弯曲一下，像雪松一样让一步，这样就不会被压垮。弯曲不是倒下和毁灭，它是婚姻的一种艺术。在该弯曲的时候不肯低头，你的婚姻也就不会向你低头。

几个女人坐在一起，讨论人生。她们不约而同地都对自己的婚姻感到不满意。

闻说城中有一位显道法师，专门为人指点迷津，于是众女带着心中疑难，前往求教。

法师：各位对你们的丈夫有何不满？

甲女：我丈夫与我毫不沟通，他连我喜欢些什么都不知道，更不用说晓得我想些什么了。我们同桌吃饭，但我觉得彼此距离犹如隔了一条大河。

法师：那你当初为何嫁他？

甲女：他对我殷勤呀！

乙女：你的丈夫不晓得你心中想些什么，那还罢了。我的丈夫就可恶极了，他明知道我心中想些什么，对他如何期望，可是他就偏和我抬杠——我想他走路，他却坐下。

法师：当初他是怎样打动你的心的？

乙女：当初他以我喜欢的方式来爱我，愿意为我做任何事，但现在他以他自己喜欢的方式来“爱”我，只愿意做他自己喜欢的事。

法师笑：最初他投你所好，是缘于形势；现在是“还我本色”，是“真我流露”了。

丙女：我的丈夫更加不像样。别人给女人家用，总是付出家用的全部，可是他非常计较，什么都只给一半。哪有男人付出一半家用的呢？况且他赚钱比我多，为何就不大方一点，自己把家用全付了？

法师：你赚多少钱？

丙女：有八千元左右。

法师：当初你们恋爱的时候，出外消费如何付账？

丙女：AA制，各付各的。可是现在我是他的妻子呀，为什么他就不肯为我牺牲呢？况且他付得起呀。

法师对众女说：好吧，我给你们一个锦囊，一个月后，情况就会有所改善。

众女接过锦囊后打开一看，是一张字条，上面写着："低头见阳光，弯身成朋友。"

一个月后，众女欢天喜地去找法师。

甲女：法师的锦囊果然了得。那天我生日，丈夫送我一朵荷花那样大的绢花，可真搞笑。我是只喜欢鲜花，最讨厌绢花的啊！要是平日我一定很生气。可是，我想起法师说的话，想到朋友记得我的生日，已经很有心，何况还知道我喜欢花。哪管它绢花还是鲜花！我不知有多开心。

乙女：可不是，我自从得了法师的锦囊后，脑筋顿然开窍，我向来哪有要求朋友投我所好的？也从不勉强别人做自己不喜欢做的事。对朋友无求，彼此往来，就轻松得多。求人不如求己，何用生气？

丙女：对了，我向来很少向朋友借钱，更不要说用朋友的钱了。我自己又不是付不起家用，何用丈夫养我？

此时，众女悟出一个道理：若要追求理想婚姻，只可自己同自己结婚。

"这个世界上没有完美的人，你不是完美的，我也不是完美的，但重要的是我们能否完美地走在一起。"正由于每个人都不是完美的，婚姻中才会出现各式各样的摩擦，面对这些琐碎的事，一不经意就会毁掉婚姻的不完美，彼此之间应该学会弯曲一下，向对方做出让步，这样才能让两个本不完美的人拥有一段完美的婚姻。不要去苛求对方是完美的，因为你也不是完美的，向他（她）低一下头，你们的婚姻就会自有一番风景。

彼此包容，琴瑟和鸣

两个人在一起生活久了就难免会磕磕碰碰，因此，日常生活琐碎细节中的宽容和体贴才更能体现爱的真挚。生活本来就是平淡的，在激情渐渐减退的时候，填充而来的便是更实际的生活。在平淡的生活中，应该真诚地、细心地对待彼此，共同珍惜和维护彼此的感情。在相互的交流中，彼此宽容地看待对方的不足，真诚地指出和帮助对方改正。你珍惜一分，他也会珍惜一分，甚至更多。这样的爱情才是美好和长久的。

有这么一对夫妇，他们婚前感情很好，恩爱有加，可结婚不久便开始出现矛盾。妻子埋怨丈夫身上越来越多的缺点，总是一身酒味地半夜而归，对自己也不像从前那样疼爱。丈夫每天忙于工作应酬，希望回家后得到休息和温存，可是妻子变得总是喋喋不休地埋怨，也不再温柔。最后，夫妻二人只得决定坐下来好好谈谈了。

妻子说：“你有多久没有回家吃晚饭了？”

丈夫说：“你有多久没有起床做早饭了？”

妻子说：“你不回家陪我吃晚饭，我有多寂寞啊！”

丈夫说：“你不给我做早饭吃，你知道上午工作时我多没有精神吗？老板已经批评我好几回了。”

“早饭你可以自己弄啊，每天回来那么晚，影响我睡觉，我怎么能起得来？你可以不回来陪我吃晚饭，我就可以不给你做早饭。”妻子不高兴地说。

“你知道我每天上班有多辛苦，压力有多大。一个晚饭，自己吃怎么了，难道你还是孩子，要我喂你不成？”丈夫也没有好气地说。

妻子接着抱怨说：“你总是喝得烂醉而归，有多久没有给我买花，多久没有帮我做家务了……”

丈夫也不甘示弱地说：“你知道你做的饭有多难吃，洗的衣服也不是很干净，花钱像流水，有多久没有去看我的父母了……”

就这样，夫妻二人你一句我一句地互不相让，最后竟翻出了结婚证要去离婚。

在去街道办事处的路上，他们遇见了一对老夫妇正相互搀扶慢慢地走着，老妇人不时掏出手帕给老公公擦额头上的汗，老公公怕老妇人累，自己提着一大兜菜。这对年轻夫妇看到这个情景，想起了结婚时的誓言：“执子之手，与子偕老。休戚与共，相互包容。”可是现在竟然……

于是他们开始互相检讨。

丈夫说：“亲爱的，我真的很想回家陪你吃饭，可是我实在是工作太忙，常常应酬，并不是忽略你啊。”

妻子不好意思地说：“老公，我也不对，不应该那么小气，你在外工作挣钱不容易，早上我不应该赖床不起的。”

“早饭我可以自己热，每天回家那么晚一定吵你睡不好觉，你应该多睡会儿的。”丈夫忙说，“刚才在家我不应该那么凶的和你说话，我知道自己身上有很多毛病……”妻子也忙检讨自己……

就这样，一场草率而起的离婚风波轻轻被平息了。自此之后，他们变得彼此宽容忍让，互敬互爱，并处处为对方着想，婚姻生活也因此而幸福美满。

诚然，追求婚姻幸福，是每对夫妻心中的期望，可是现实中，夫妻双方的性格差异，都在阻碍着达到和谐幸福的目标。有一位心理学家指出这样一种事实：现实中，我们与人越亲密，就越难客观地倾听他们的意见。为了保证自己受到尊重与得到肯定，我们会自动防御以抗拒他们的意见，就算同意他们的意见，我们也可能会固执地和他们争论。伤害不是因为我们说了什么话所造成的，而是因为我们是怎么说的。

在婚姻生活中，一旦男人受到挑战时，他的注意力会集中在对与错上，而忘了表现爱，此时他体贴、尊重的沟通能力和安慰的口气自然会减退，他不知道自己的声音是多么不体贴又多么伤害妻子。此时，一个单纯的意见不合可能听起来都像在攻击女人，建议也变成了命令。女人在此情况下自然会反抗这种没有爱心的方法。而对此，男人往往误以为女人在反对他的意见，而不知道是自己缺乏爱心的说话方式伤害了对方，恰恰是男人的这种不尊重女人受伤害的感觉，让女人更加伤心……

好在美满的婚姻是可遇也可求的，而夫妻间的差异是存在的也是能超越的，重要的是加强了解，只有了解，才能体谅与宽容，也只有体谅与宽容，才是夫妻间真正的爱，才能为家庭创造和谐与幸福。

“理解”才是真正的平衡木

小张毕业后被分配到某机关工作。他所在的机关的种种现实使他看到，乖巧精灵者吃香，老实憨厚者吃亏，吹牛拍马者升官，正正派派者反而无人看好。他虽然有所进取，可他刚直的秉性和积极做人的良知，约束他不去迎合那些腐朽的观念，而要做一个不卑不亢、埋头苦干的老实人。正因为如此，他吃了苦头，同他一起来的和后来的，有的入了党，有的提拔为科长。因为他有自己做人的宗旨，这一切，他并不往心里去。可是，他的妻子不理解他，说他："人家都提拔了，入党了，就剩下你一个人，什么也不是，不感到窝囊吗？"有一天，收音机里播放着优美的音乐，他情不自禁地随着唱起来。妻子这时又对他说："连个科长都没当上，还挺乐呵呢，真不知道愁！"一句话，破坏了他的乐呵情绪。这样的事，在他们夫妻之间经常发生。小张经常听到妻子说一些刺激的话，因此感到与妻子之间的爱是苦涩的。

小张与妻子间的矛盾源自于他妻子对他的不理解。对于她来说，丈夫的理想、追求和他的品行、情操以及为人，都是那么生疏，他们真可谓缺乏共同的语言。夫妻间应该是互相了解的，是知音。只有你了解了对方，才能对其体贴、关怀，并辅佐其上进。如果小张的妻子能了解丈夫做人的品行，理解丈夫的追求，她就不会羡慕什么科长，而会鼓励丈夫做一个正直的人。

理解是夫妻间的黏合剂，夫妻相处要是连基本的理解与体谅都没有，这种婚姻会是很痛苦和寂寞的。当然，我们这里所说的了解，不单是指了解爱人的一般情况，而是指对爱人的内心世界的感知。因为，人的行动是受思想支配的。你了解了爱人的思想，才能理解他（她）的行动。只有夫妻间的互相理解，才能换来夫妻间更加深沉的爱。

泰戈尔曾经说："爱，是理解的别称。"夫妻之间是需要理解的。爱是以理解为基础的，只有真正的理解，才会有真诚的爱。

一位少妇，回家向母亲倾诉，说婚姻很是糟糕，丈夫既没有很多的钱，也没有好的职业，生活总是周而复始，单调无味。母亲笑着问，你们在一起的时间多吗？女儿说，太多了。母亲说，当年，你父亲上战场，我每日期盼的，是他能早日从战场上凯旋，与他整日厮守，可惜——他在一次战斗中牺牲了，再也没有能够回来，我真羡慕你们能够朝夕相处。母亲沧桑的老泪一滴滴掉下来，渐渐地，女儿仿佛明白了什么。

一位干部，因为人员分流，从领导岗位上退了下来，一时间萎靡不振，与以前判若两人。妻子劝慰他："仕途难道是人生的最大追求吗？你至少还有学历和专业技术呀，你还可以开始你新的事业呀！你一直是个善待生活的人，我们并不会因为你不做领导而对你另眼相待。在我的眼里，你还是我的丈夫，还是孩子的父亲。我告诉你亲爱的，我现在甚至比以前更加爱你。"丈夫望着妻子，久久不语，眼里闪烁着晶莹的泪光。

幸福是一个多元化的命题，我们在追求着幸福，幸福也时刻伴随着我们，让我们的心灵得到彻底地放松。夫妻双方偶尔的摩擦实属寻常，毕竟生活是在磨合中度过的，不过婚姻最需要的就是温馨。相互恩爱，相互诚恳，相互理解，相互容忍，付出真情，不杂私心。这才是真正的爱情，才是真正在一纸契约下的婚姻。有了这样的婚姻生活，人们还何愁生活不美满，日子不快乐呢？

与其抱怨批评，不如欣赏赞美

婚姻生活中不尽如人意的事有很多，但与其抱怨批评，不如欣赏赞美，那样才会收获美满的生活。

约克郡一个贫穷的乡村里有一对老夫妻，家里一贫如洗，于是他们想用家里唯一值钱的一匹马换回一些更有用的东西。商量妥当以后，老头子就牵着马赶集去了。老头子在路上先跟人换了一头母牛，又用母牛换回了一只羊，再用羊换了一只鹅，又用鹅换了一只鸡，最后竟用鸡换回了一大袋烂苹果。

他扛着大袋子在酒吧里休息，这时候遇见了两个英国人，他们在听了老头子赶集的经过后，都禁不住哈哈大笑起来，说他回到家，一定会被老太婆狠狠地揍一顿。老头子却坚定地说："肯定不会，我将得到的不是一顿痛打，而是一个吻。"

两个英国人说什么也不相信，他们嘲笑老头子异想天开，最后还用一斗金币和他打赌，然后三个人一起回到老头子的家里。

老太婆见老头子回来了，高兴的把客人都忘了。老头子于是老老实实地把赶集的经过告诉了她。老太婆听得很专注，脸上没有一丝不愉快，始终是激动喜悦的表情。

老头子每交换一次东西，她都加以肯定："感谢老天爷，我们有牛奶可以喝了。""哦，我们不仅有羊奶、羊毛袜子，还可以有羊毛睡衣。""今年的马丁节终于可以吃到烤鹅肉了。""太好了，我们将有一大群鸡了。""吝啬的牧师妻子说她连烂苹果都没有，但现在我可以借给她十个烂苹果。"说完，她响亮地亲吻了老头子一下。

两个英国人看到此景心服口服，很爽快地付了一斗金币，他们说，他们很久都没有看到这么相互欣赏的恩爱夫妻了。

如果农夫的妻子用"你看人家老公多聪明，你却……""你看人家的老公……"这样的心理去比较的话，一场不愉快或大战就可能爆发，可是她没有这样，而是一直用欣赏的眼光去看待丈夫做的每一次交换。是的，也许在物质上确实损失了很多，但是对于真心相爱的夫妻来说，还有什么比保护爱，不让爱受到损失更重要呢？用心去爱，你就会发现丈夫或妻子还是自己的好。

传说，宋代大文豪苏东坡的妹妹苏小妹，生得清雅秀丽、全无俗韵、聪明绝世，并嫁给当时同样是宋代大文人的秦观为妻。新婚之夜，秦观正要喜入洞房，却被小妹挡在门外。小妹隔门连出了几道难题，要秦观应答，何时答对了，才准进入洞房。秦观虽才思敏捷，也直到谯楼3鼓，才把小妹的难题全部答出，获准进入洞房。婚后秦观小两口诗来词去、夫唱妇和、相互欣赏、情深意长。最后小妹先秦观而卒，秦观思念不已，终身不再娶。

这段佳话，被后人写成醒世之言，就是有名的“苏小妹三难新郎”。可见，古人早已深谙夫妻恩爱之道。为夫为妻，或贫或富，都要相互欣赏。只有欣赏得深才会恩爱得深，而恩爱越深，相互欣赏的东西也就会越来越多。

“孩子都是自己的好，妻子都是别人的好”，婚姻中的男女都有这样一种奇怪的心理，即总是用自己孩子的长处去与别人孩子的短处比，而用自己妻子或丈夫的短处去与别人妻子或丈夫的长处比，由此陷入痛苦和不满之中而不能自拔。其实这真是自寻烦恼，每个人都有优点和缺点，如果你不把注意力专注在自己另一半的缺点上，而去欣赏她（他）的优点，生活会更美好。

学会闭一只眼，幸福更久远

很多女人都会感慨，结婚以前和结婚以后生活就会发生很大的变化，心理上也会跟着发生调整。比如，结婚以前，因为担心自己的未来，总是格外地挑剔自己的另一半。可是结婚以后，就开始专心经营自己的这份感情，慢慢地变得宽容和温柔了。其实，这样做是对的。女人就应该在婚前睁两只眼，婚后闭一只眼，对丈夫宽容，给予他足够的心理空间，这样的婚姻才能幸福。

在婚姻中，给丈夫面子，不是让女人委曲求全，而是要给丈夫体面的自尊，这样既有助于家庭和睦，同时女人也会得到丈夫更多的关心和体贴。

男人在外打拼，劳累、委屈他都可以不在乎，但他不能失去男人的尊严。许多女性在谈恋爱时，她们的男朋友可能会用玩笑般的口气告诉她们，在人后我听你的，在人前你可得给我留点面子。确实，男人就是这样好面子的“动物”。作为女性，只要不违背原则，暂时委屈一下，给男人一点面子又何妨呢？常言说：“量大福大。”大度的女人也更令男人加倍地尊重她。

但是，在现实生活中，有些妻子并不了解男人的这种心理，有时候，自觉不自觉地把在家里的威风也带到家外，当众显示自己对丈夫的管束，自以为很舒服。这样做便会出现两种结果：一是，如果丈夫当众听命于夫人，丈夫就会感到很狼狈，威信扫地，使他们成为交际场合中被人戏弄的对象，这自然有损于他们的交际形象。二是，如果丈夫不满妻子的指使，做出反抗的表示，又难免产生矛盾，甚至成为家庭矛盾的导火索。总之，不管出现哪一种情况，结果都是不好的。产生上述后果都与妻子在公众场合下不注意给丈夫面子有关。

聪明的女人是绝不会这样做的。聪明的女人懂得在什么场合、在什么时候应该给丈夫一点面子，把握这种分寸也是有技巧的。

因此，大家不妨把以下几条作为参考。

1. 适当时候不妨示弱

有一位先生在北京开了一家餐馆，生意兴隆。一日餐厅打烊又遇妻子河东狮吼。该先生情急之中逃至桌下，恰好客人返回来寻找丢失的东西，正好撞上，进退两难甚感尴尬。这时八面玲珑的妻子急中生智拍了拍桌子："我说抬，你要扛，正好来帮手了，下次再用你的神力吧！"该先生顺坡下驴直夸夫人想得周到，一场面子危机轻松得到化解。

2. 待他不妨谦和些

对于男人，不要以为你告诉了他，他就会按照你的要求去做，当我们希望得到既定的结果时，一定要考虑对方的接受程度。比如他在刷过牙后总忘记把牙膏盖盖上，你就多说几句"请记得盖上"，而不要向他频频甩出"不要、不准"之类的话语，只有这样，他才会欣然接受，而不会恼羞成怒。

3. 聪明的女人家里家外有所区别

不管你在家里把老公当作电饭煲还是当作吸尘器，一旦涉及他的面子时，一定要小心谨慎，给他足够的面了，才能获得"高额回报"。

4. 不妨陪他一起流泪

其实男人很累，睁开眼便是各种责任和义务，他们不敢承认自己也有非常脆弱、需要关怀的时候。在他志得意满时，请给予他足够的欣赏；当他遭遇了不公和挫折时，不妨陪他一起流泪，然后尽快忘却，旧事不提。

5. 聪明的女人多练心

记住，不是操心是练心，如果你想给足男人面子，要多多练心。你的修养、你的谈吐、你的风韵、你的容颜、你的智慧、你的笑容，都是维护男人面子的重要组成部分。要不然只有玉树临风，没有佳人相伴，那面子最外层的金边该怎么贴呢？

总之，妻子给丈夫一点面子，这样做不仅有利于维护丈夫的交际形象，提高丈夫的工作效率，而且有益于家庭的和睦。